天下文化
BELIEVE IN READING

「業務工作，是人生最偉大的一枚勳章。」

天下文化

BELIEVE IN READING

4招贏得信任

不要想著賣東西，就能締造無限商機

極限銷售

謝文憲——著

劉子寧——採訪整理

CONTENTS

PART 2 專業——看不見的說服力，使利潤翻倍

PART 3 溫暖——信任感，就是你的護城河

PART 4 影響力——用銷售思維驅動個人品牌

各界好評推薦

如果說「麥克風加信念，可以改變世界」，那麼「賽局思維加銷售，是開啟改變的關鍵」。跟憲哥合作多年，我們一起合作、一起開課，但即便如此，我仍然時常訝異憲哥散發的影響力。後來憲哥寫了《極限賽局》，分享他如何運用優勢動力，讓自己發光發熱，看見別人、也看見自己。

但有了賽局思維，該如何落地實踐？憲哥的這本《極限銷售》，教我們從做人、專業、信任，才能發揮影響力。身為多個線上課程的創作者與學習平台創業者，我對書中第四部〈影響力──用銷售思維驅動個人品牌〉特別有感。當別人想到你的名字時，想到的是什麼？建議大家仔細看完這本書，找到心目中屬於你自己的答案。用《極限銷售》，開啟改變人生的關鍵。

——王永福（企業簡報與教學教練、F學院創辦人）

認識憲哥是從他二〇一一年出版第一本書《行動的力量》開始。當年，有緣在書店看到這本書，就發現憲哥有濃烈的銷售精神，但字裡行間卻富饒人文情懷。這個特質很吸引我，讓我主動去認識他。或許我們同是業務出身，彼此的價值觀與待人接物想法契合。當我閱讀《極限銷售》，我點頭如搗蒜，感同身受也很有共鳴。尤其我極度認同「銷售就是做人」這個核心觀念。在我半百人生，哪怕在職場位居高位，都應該謙卑有禮，與人同贏，才能得到尊敬。憲哥把他畢生的業務絕學，不藏私地全公開，含金量超高，我超級推薦。

——吳家德（NU PASTA 總經理、職場作家）

不管你是否打算從事銷售工作，你都可以運用《極限銷售》的方法，讓自己更好地發揮影響力，為自己、為公司爭取更多，同時讓銷售的對象也獲益。《極限銷售》是銷售的底層邏輯，書中引用嚴謹的心理學與行為經濟學理論，你可以立刻運用書中的十二個影響決策技巧提高勝率，也可以從憲哥的真實銷售故事，了解如何正確地建立信任感。

正如同憲哥所說：「學做業務就是學做人」。在AI時代，銷售能力可以說是職場最不公平的武器，因為銷售的對象終究是人，而銷售就是驅動他人的能力，你可以透過這本書學到憲哥三十年的銷售智慧。

——鄭均祥（言果學習創辦人）

推薦序

這是一本，讓你少走三十年冤枉路的銷售聖經

林明樟／MJ

認識憲哥（謝文憲）超過十五年，我始終佩服他在銷售領域的功力。**他是那種真正的「超級業務」，不只是能說會道，更是洞察人心、以人為本的高手**。拿到這本《極限銷售》的書稿，我迫不及待地讀完，過程中不斷拍案叫絕：「這就是頂尖業務的心法啊！」更令人驚喜的是，這套方法不論B2B還是B2C都適用。

銷售的底層邏輯，說穿了，就是「做人」。

專業，讓你不說話都充滿說服力。

溫暖，讓你的客戶對你產生信任，這就是無可取代的護城河。

過去十五年，我在B2B銷售領域打拚，曾在上市公司創下單年最大訂單與最高獲利紀錄。後來自行創業，又花了十五年深耕B2C品牌銷售。我用三十年的時間，才悟透一件事：無論從事哪個行業，銷售的核心邏輯七〇%是相通的。

如果你問我：「怎麼才能成為一名頂尖業務？」

我的答案始終如一——站在長遠共好的視角，以人為本，真正用心去解決客戶的問題、挑戰與渴望。記住：「永遠不要貪圖桌上的每一分錢。」**當你願意把客戶的成功當成自己的成功，當你願意付出更多價值而非只想獲取，你自然就會成為一名值得信賴的超級業務。**

過去，我是一路跌跌撞撞才走到今天，花了無數時間與血淚才領悟這些道理。但現在的您不用。因為這本書，憲哥已經把最精華的實戰經驗、心法與技法毫無保留地告訴您。

如果您真心想學會銷售，想一窺超級業務的思維與技巧，那麼這本書，將是您少走三十年冤枉路的最佳捷徑。祝福每位讀者：選對人、做對事、說對話，帶著一點做人做事的溫度，打造屬於您的精采銷售生涯！

（本文作者為連續創業家暨兩岸三地上市公司指名度最高的頂尖財報職業講師）

自序

「貨暢其流」的落地應用

國父在一八九四年《上李鴻章書》中所言：「竊嘗深維歐洲富強之本，不盡在於船堅炮利、壘固兵強，而在於人能盡其才、地能盡其利、物能盡其用、貨能暢其流。此四者，富強之大經，治國之大本也。」

一百三十年過去了，貨暢其流的落地應用即是：「銷售思維」。

二叔是我第一個銷售教練，他在二〇二四年的父親節辭世，這一本書是紀念他照顧我們全家而寫的。

一九八〇年代初期我念國中，他在我們家隔壁經營西服店，母親想要貼補家用，就在西服店擔任助手，車布邊成為母親的工作後，家裡客廳最常聽見的就是縫紡織機運作的聲音。

國中下課後，我會去西服店看錄影帶播放的〇〇七系列電影，二叔除了跟我講解羅傑・摩爾（Roger George Moore）、史恩・康納萊（Thomas Sean Connery）多厲害以外，也會跟我分享他的經營之道。其中包含五感行銷（觸覺與嗅覺）、選三提案、談判議價、提升忠誠度、建立信任感、搭售與綑綁、品牌建立等基礎思維，我幾乎就是耳濡目染學著長大的。

幾年後，保險業興起，母親從事保險工作，因為努力負責，成績很快一飛沖天，加上不服輸的精神，沒多久就升上主任。一九九一年母親積勞成疾中風以後，保險接力的棒子原屬意交給我，無奈我對房仲比較有興趣，父親為了延續保戶承諾，接下棒子繼續跑，我三十五歲以前，家中成員都在保險個案中學習成長，而我受惠最多。

畢業之後到台達電當採購、信義房屋不動產經紀人、華信銀行MMA專案行銷、台灣安捷倫科技（Agilent，以下簡稱安捷倫）的服務銷售等，都是我的職業歷程，我對銷售工作有著莫名的喜愛，雖然我跟大家一樣都是從零開始。

這本書的書名《極限銷售》，是我極限系列的第二本書（前一本是《極限賽局》）。「極限」在數學上的意義很廣，但在社會科學上的意義是挑戰極大或極小的極不可能。

或許我的基因裡有銷售思維，但能橫跨電子、房仲、金融、科技、企業訓練、知識經濟、個人品牌經營等領域的銷售思維，若都能跨產業應用得宜，進而產生佳績，這個銷售的極限之路才能走得長遠。

此外，二叔是小兒麻痺患者，他能在身體受限的情況下，在中壢的西服領域闖出一片天，做到無人不知無人不曉，這也是我選擇「極限」當作書名的原因之一。

銷售思維的實戰守則

本書結合了行為經濟學、社會心理學、數學，用我的個人經驗與案例陳述，加上劉子寧的精采撰稿、黃筱涵的用心編輯，這是我過去所有出版品當中，最為精采與實用的一本書。用我一生的經驗與學習，實證了這一切的落地應用。

從事職業講師近二十年，我看過多如牛毛的商業經營、個人品牌操作，大多把複雜當作標配，用許多聽不懂的名詞來迷惑您，用知識焦慮綑綁個人需求，讓許多人走了冤枉路。其實大道極簡，做業務銷售就是學做人，只要能掌握底層邏輯的「銷售思維」，加上「專業」與「溫暖」兩大要素，克服層出不窮的「挫敗」，再透過建立個人品牌，指數放大所產生的「影響力」（參16頁公式），您也可以跟我一樣掌握訣竅，達成貨暢其流的境界。我建議以下七種不同族群可以用不同順序來閱讀本書：

1. 優秀資深的業務銷售工作者：從頭到尾四部依序看完。
2. 沒做過銷售的工作者：先看第一部。
3. 剛剛跨產業的銷售工作者：先看第一部，再看第二部。
4. 同產業，但做不出傑出績效的工作者：先看第一部，再看第三、四部。

達成業務**極限銷售**成就的極大值

$$= \left[\frac{（專業+溫暖）\times 底層思維}{挫敗} \right]^{個人品牌}$$

5. 想要攀登高峰的業務工作者：先看第四部，再回頭看第一、二、三部。
6. B2C的銷售工作者：先看第一部，然後看四、二、三部。
7. B2B的銷售工作者：先看第一部，然後看二、四、三部。

「如果你是一隻鳥，你相信翅膀，還是樹枝？」

身為業務，持續讓自己變強，讓翅膀變硬，才是樹枝萬一折斷後，唯一的求生之道，本書就是讓銷售翅膀變硬的教戰守則、經典聖經。

謝謝購買本書的您們，謝謝子寧、筱涵、天下文化工作同仁，以及陪我走過晨昏的家人、好友、學員、購買憲哥周邊商品的粉絲，以及本書推薦人、商業合夥人，一併致謝。看完本書我想恭喜您：取得銷售成績向上邁進的資格門票。

於WBC經典資格賽後完稿

恭喜Team Taiwan取得晉級資格，您也是

前言

銷售，不是一次性的交易，是一輩子的成交

很多人對我的印象是企業講師，或是知識工作者，但很少有人知道，我三十四年的工作生涯中，做過人資、當過房仲、賣過理財產品、推銷過測試儀器的保固合約，有長達十二年是做業務，離開職場後才開始轉做企業講師和知識型個人品牌，說我是業務起家的也不為過。

而這一路走來，無論賣的是產品服務，還是我的課程、我這個人，最大的體悟就是：做業務就是在學做人。

什麼意思？業務工作很特別，它既是一門專業，又不像一門專業，需要專業知

識，但只靠專業知識卻又遠遠不夠，因為它本質上是人與人之間的互動，而不是單純的交易，你還要在追求業績的同時保持誠信，培養待人處事的身段。所以說，做業務不只是在賣產品，更是一門深刻的人生功課。

但反過來說，即使不是業務員，一般人也應該要具備銷售思維，因為銷售思維談到的說服、溝通與誠信，其實無關乎產業或職務，而是每天生活都需要的技能，一旦掌握了銷售思維，第一，可以一眼看出商人、品牌的銷售把戲；第二，也可以在無形中運用銷售技巧更好地說服他人，從哄小孩去寫功課，到要求主管替你加薪，再到建立個人品牌或透過信念影響他人、幫助他人，都需要我們有智慧地運用銷售思維，發揮自身的影響力。

所以，為什麼我決定在這個時間點寫這本書？並不是因為我有多厲害，而是因為我有過那十二年帶給我跌跌撞撞的經歷，讓我體會到：**成功的銷售，從來不是靠話術，而是從建立信任感開始**。我看過太多人把業務這份工作想得太簡單，以為把產品賣出去就算成功；成功的人生，也不是只靠專業能力獲取名聲地位，而是同時具備三個特質：「專業」、「溫暖」與「一致性」，才能真正獲得他人的信任，不只獲得財富增長，更收穫人生的富足。

在商管心理學必讀的經典《朋友與敵人》（*Friend & Foe*）書中指出，獲取信任感必須同時具備「能幹」與「溫暖」這兩種特質。**能幹就是「專業」，一個業務一定要對自己的事業與產品有足夠的知識，且可以運用這些知識解決客戶的問題**，這是建立信任感的基本盤。就像我現在轉做個人品牌，有了還不錯的名氣與粉絲基礎，但如果我的演講每一次都講一樣的內容，讓粉絲學不到新東西，一次、兩次、三次，他們就不會再願意花錢聽我上課了。

那麼「溫暖」又是什麼？簡單說，就是會做人，懂得從他人的角度思考問題，願意付出時間和耐心去理解別人的需求和感受。**一個溫暖的人，不會只顧著推銷自己的想法或產品，而是真心關心對方的處境和困擾**，甚至有時候願意放下自己的利益，為他人著想。

在影響力暢銷書《憑什麼相信你？》（*Messengers*）一書中，作者便提出取得信任感的八個特質：

- 吸引力
- 能力
- 強勢
- 社經地位
- 信賴
- 自曝弱點
- 個人魅力
- 親和

在另一本暢銷書《深度說服力》（*The Soulful Art of Persuasion*）中，作者也提到取得信任感的四大原則：

- 慷慨：樂於付出、正面特質、表現尊重
- 同理：凡事「我們」、多想合作、找共通點
- 獨特：奇特故事、說好故事、別勉強說服
- 深度：琢磨技能、鼓舞力量

如果你是個聰明人，應該很快就發現，不管是《朋友與敵人》、《憑什麼相信你？》還是《深度說服力》，不同作者都說出了一樣的道理：要取得信任感，必須既專業又溫暖。一個溫暖的人如果不專業，就無法取得信任；專業的人沒有溫暖，也無法被信任。唯有兩者同時具備，才能夠獲得別人的信任。

但我必須說，只有「專業」和「溫暖」也還不夠，還需要再加上「一致性」（Consistency），才能使前面的兩種特質發揮作用。一致性代表你的言行如一，不會因為人、事、時、地、物的不同而隨意改變，因為專業、溫暖與信念都已內化為自己的行為準則。

想想看，如果一位業務今天對客戶噓寒問暖，明天卻把承諾的事情拋在腦後；或是在重要客戶面前展現專業，對小客戶卻敷衍了事，這種不一致很快就會被看穿。這也是為什麼一致性是最難的，需要堅持自己的信念，就算短期能夠偽裝，時間一長也容易露出破綻。**唯有具備一致性，專業能力和溫暖特質才能真正贏得他人的信任和尊重**，這三者相輔相成，缺一不可。

從推銷產品、點子到個人品牌皆可用

在這本書裡，我將分成四個大部來分享，我是如何建立客戶對我的信任，案例橫跨各領域產業。

第一部是〈底層思維──銷售就是做人〉。很多人問我，是不是一定要口才很好才能當好業務？我都會跟他們說：「不是會說話就能當好業務，而是要懂背後的原理。」也就是我常說的：「不要用現象解釋現象。」我在做業務的過程中慢慢發現，成功的銷售是有跡可循的。為什麼同樣是賣房子，有些人可以月月破百萬？為什麼同樣做保險，有的人到哪都能成交？這些人的共同點就是：他們不只看表象，更懂得用理論來指引方向。

所以在第一部，我特別強調「以人為本」的銷售思維。房仲不是在賣房子，而是販售一個家的願景；人壽不是在賣保險，而是販售一份愛的保障。這種思維模式是通用的，因為只要有人的地方，就會有需求與願景。銷售思維就像是一個隨身碟，不管哪個產業都用得上，因為**銷售的本質就是理解人性、解決問題**。無論你是賣產品、賣服務，還是在職場上推銷自己的想法，甚至在社群上建立自己的個人品牌，只要掌握這個底層思維，在各種場合都能遊刃有餘。

第二部〈專業——看不見的說服力，使利潤翻倍〉則是直接點出提升成交率、銷售利潤的心理學與行為經濟學的實戰方法，讓你不再只靠著直覺做事，可以說是整本書最實用的部分。我會分享「搭售（Tying Sale）與綑綁（Bundling Sale）五大要素」以及十二個行為經濟學原理，從「分割效應」到「峰終定律」，每一個都是我這些年用血淚換來的經驗，可以說是提升銷售價值的必修課。

第三部〈溫暖──信任感，就是你的護城河〉談的是如何建立信任感。信任從來不是靠技巧換來的，而是來自真心的付出，再加上時間的累積。在這一部分，我會分享建立信任的三個要素：專業、密集、辛苦，同時也會分享許多我自己在當業務與當講師時期的真實故事，公開我成功達成高黏著度、高回頭率的關鍵原因。

第四部〈影響力──用銷售思維驅動個人品牌〉則是進一步分享關於建立個人品牌的方式與思維。我認為，業務本身就是一個很好發展個人品牌的職業，也是當職場天花板來臨時，我們可以再向上突破的關鍵點。一般銷售業務是，客戶有一個已確定的需求（買東西），而你透過專業解決他的需求，並用一種溫暖的方式服務他使他信任你，進而變成長期關係。但個人品牌剛好相反，你需要先讓粉絲喜歡上你，接著你的一舉一動都能成為他們的需求（買你用的東西、吃你吃的食物、參加你的活動等），這個過程並不容易，但是一旦成功，就能帶來巨大的成就感與影響力。

回到我開頭提到的理念，學銷售就是在學做人，無論你是想做超級業務，還是想轉做網紅、KOL（Key Opinion Leader，意見領袖），重點是在追求成功的同時，始終保持自己的核心價值。現在很多人為了業績、為了流量，什麼都願意做，最後反而迷失了自己，那也就失去了我們身而為人的本質與道理。

對讀這本書的你，我的期待很簡單：當我們在追求專業成就的同時，也別忘了時時刻刻提醒自己：**你想成為一個怎樣的人？你希望別人如何記得你的名字？**當你開始用這個角度思考，你會發現銷售不再是份壓力很大的工作，而是一個能讓自己不斷成長、同時也幫助他人的管道。

我可以大聲地說：銷售，是我人生中最驕傲的一枚勳章。

希望你也是。

PART 1

底層思維——銷售就是做人

chapter 1

用理論解釋現象，不要用現象解釋現象

一九九二年，我二十四歲，剛出社會第二年，在台達電子擔任採購部門的小職員，有一個交往不久的女朋友，滿腦子想的都是成家立業。在那個年代的理財觀中，所謂的理財，就是把錢存在銀行裡領利息，再不然就是買房子，總之，我也一直深信不疑，把這套觀念深植在腦海裡。

還記得某天我看見一則中壢工業區附近新建案的廣告，以醒目的紅字寫著「自住投資兩相宜！」這句話像磁鐵一般吸引了我的目光。一個衝動的念頭湧上心頭，我立即聯絡了三位好友，跟他們說：「中壢工業區旁要蓋新的樓中樓套房，週末時要不要一起去看看？」

週末到了現場，哇！眼前的景象把我們都嚇傻了，只見接待處人山人海，銷售人員忙得像陀螺一樣轉個不停，還不時傳來「還剩幾間？」的急切詢問聲。原本只是打算來逛逛的我，一下子就被這個氣氛給吸進去。腦子裡就一個想法：「不趕快下手，等等就真的沒了！」

最後，四個人裡有三個都「中招」了——我跟另一位朋友各買了一間，還有一位兄弟更是豪氣，一口氣搶了兩間！雖說一戶一百二十萬元在當時不算太貴，但對於剛出社會沒多久的我來說，這也是筆不小的數目。更誇張的是，我居然興匆匆地把房子登記在當時還只是女朋友的名下（還好她最後真的成為我的老婆，不然這故事就更精采了）。

等到交屋那天，我才發現自己完全中了樣品屋的圈套。第一次看樣品屋的我，被那些華麗的裝潢給迷昏了頭，乾淨到發亮的廚房、看起來超溫馨的雙人沙發、那束透過窗簾灑在床上的陽光……當時的我完全陷入想像，這就是我跟女朋友未來的幸福生活啊！結果，真正的房子跟樣品屋完全是兩回事。

後來我決定把房子租出去，心想：「反正每個月能收個六千元的租金，扣掉一些費用也算不賴，就這樣慢慢等房價上漲吧。」結果這一等，就等了整整二十四年！最後在前幾年總算用一百七十萬元把房子賣掉了。

仔細算一算才發現，這筆投資實在是太不划算，即使把租金收入和房價增值的五十萬元都算進去，二十四年下來的年報酬率也才大約四%。如果再把通貨膨脹算進去，實質年報酬率甚至不到三%。簡單說，這筆投資可能只比定存好上那麼一點點而已。

我原本只是後悔自己太過衝動，沒有深思熟慮，直到自己也成為業務，甚至成為講師，才知道這一切都是有原因的，而這個原因，就是我年輕時沒有搞懂「銷售思維」，更不理解現象背後的理論！

搞懂銷售思維，就能看懂行銷把戲

首先，當我走進樣品屋時，我看見的不只是樣品屋，我看見的是「我心中想像的未來生活」，這就是行銷學中經典的「促發」（Priming）手段，用五感的沉浸、漂亮的場景，影響我的判斷，以為自己只要買下房子，就可以擁有理想的生活與未來。

第二，我被「羊群效應」（Herding Effect）騙了。所謂的羊群效應，是指我們習慣性跟隨大多數人的行為，即使不了解原因，也會因為擔心錯過重要的機會而隨波逐流。當年的我就是因為看見現場大家搶購的風潮、朋友們都急著想買，我也就跟著買了，根本不敢說出：「我其實不想買。」

如果那時候的我已經懂得行為經濟學，就會知道人在做決定時，很容易受到非理性的影響，我應該要靜下來想：這個地段值不值得投資？未來發展性如何？附近的萬能工專（現在的萬能科技大學）真的會帶來那麼多租客嗎？

所以我常說，為什麼我們要學理論？不是為了掉書袋或逢人說教，而是讓我們在做重要決定時，能夠跳出直覺反應，做出更理性的判斷。現在回想，當時那位沒買的朋友，才是最理性、聰明的人啊！

看完了我投資失誤的小故事，現在說回來銷售思維。

我工作了三十四年，期間有十二年都在做業務，成為職業講師後，更是常常接觸到業務從業人員。我發現很多人都有一種迷思是：「做業務不用讀書，靠經驗就夠了。」就像我也曾經聽過有人說，傑出的棒球選手不需要念太多書，會打球就可以。做為資深業務和資深球迷，我要嚴肅地澄清，這想法完全是錯的。

舉個例子，無論身處在哪個行業，無論做著什麼職位，我們一定都遇過下面這種人：

- 只要他出馬，九〇%都可以搞定客戶。
- 每一季業績報告，他永遠都是前三名。

・即使換到不同公司，他還是可以走到哪、紅到哪。
・別人做的事，不一定比他少，但他賺到的錢，常常比別人多很多。

為什麼？

他的同事可能心想：「喔，那是因為他負責的商圈好」、「因為他跟老闆很熟」、「他運氣很好，剛好都接到大單」。可是，你有沒有想過，為什麼這些表現出色的人，不管在哪個公司、什麼產業，往往都能做出好成績？

我常常提醒上課的學員們或是演講的聽眾們：「不要用現象解釋現象，要用理論解釋現象。」如果我們只看表面的現象，就會容易落入「用現象解釋現象」的誤區。例如，當我們觀察他的一舉一動，發現他去見客戶時總是穿得很休閒年輕，以為自己模仿一下，業績就會有起色，沒想到自己卻是被客戶嫌棄穿得不夠體面，印象反而變得更差；或者看見他總是在下雨天談生意，自己也特別選在下雨天約客戶去咖啡店談新產品，結果卻被客戶罵個臭頭，說誰想要在下雨天出門。

明明做著一樣的事，為什麼會有不同的結果？那是因為如果只用現象解釋現象，就會忽略超級業務一舉一動背後隱藏的「理論」。

超級業務的穿著有時體面、有時休閒，是因為他知道「開發要裝老，銷售要裝小」的理論，他是因應不同的情況，調整自己應對客戶的狀態，博取信任感；他總是在下雨天出門，是因為他知道這時候競爭者少，且願意見面的都是誠意客戶，他不是主動要求客戶出門，但凡是有需要他的，雨再大、路再遠，他都願意走到客戶家門。

我必須再強調一次，不要用現象解釋現象，要用理論解釋現象。只要學會了理論，銷售與說服就不再是一套需要死背的SOP，而會內化成你的武功心法，那些最強的高手，都是不背招式的。如果我們能找出成功業務背後共通的原則，這些東西就能轉化成我們學習銷售思維的路徑。

學理論，最入門的方法是看書

你一定會問我：「要怎麼開始學理論？」

方法很多，最簡單也最便宜的方式就是看書，可以從最基本的行銷學、行為經濟學開始，重點是要找到一個框架，知道客戶為什麼會這樣想、那樣做。我推薦十二本經典的行銷與銷售書籍，包括《心理摩擦力》（*The Human Element*）、《影響力法則》（*You're Invited*）、《噓，別讓客戶知道原來你用了這一招》（*What Your Customer Wants and Can't Tell You*）、《場景行銷模式》（*The Context Marketing Revolution*）、《關鍵時刻》（*The Power of Moments*）、《那個為什麼會熱賣》、《為什麼這個商品可以賣到耍耍的？》、《在網上讓「女性」搶購》、《為什麼超級業務員都想學故事銷售》、《用對腦賣什麼都成交》、《行為的藝術》（*Die Kunst des klugen Handelns*）、《思考的藝術》（*Die Kunst des klaren Denkens*）。

老實說，如果好好看完這十二本書，並且仔細消化、融會貫通，基本上就可以稱得上半個行銷專家了。但如果你不想花那麼多時間，或是想要有人幫助你更快、更好地理解，也可以去聽演講或參加相關的論壇；如果想要系統化學習，更可以考慮進修上課。但我要特別提醒，不少念過企管系、讀過MBA的人，還是可能說：「行銷學、經濟學這些我都學過啊，為什麼還是做不好業務？」

這個問題很有意思。我發現主要有三種原因：

1. 你學的理論太難太深，生活上根本用不到這麼複雜的東西。就像你不需要懂量子物理，也能把手機用得很好。

2. 你不會翻譯。什麼是翻譯？就是把理論轉化成實戰招式的能力。比如說，你知道供需理論，但遇到客戶殺價的時候，你真的會用這個理論來應對嗎？

3. 工作經驗太淺，你不知道什麼場景要用哪個理論。就像一個醫生，病人講完症狀，他要知道該開什麼藥，這些都需要經驗的累積。

雖然學理論只是第一步，但卻是重要的一步，因為它可以給你框架，能教會你把現實生活中遇到的現象放進框架之中，試著用框架去理解它。而這本書的最重要目標，就是把這些來自不同行銷大師、經濟學大師、心理學大師的理論融會貫通，像一台果汁機把蔬菜打成香甜果菜汁，**我會用我的故事、用生活中常見的例子來解釋這些艱深的理論**。

當然，如果你也想將這些銷售思維化為內功，務必在看完例子後，用自己的方式去理解、歸納，最後得出一個屬於你自己的理論，並且試著在生活中應用。每一天發生在自己身上的事、看見的行銷活動、網路上的廣告等，都可以收進自己的資料庫中，學著解讀、學會轉化，慢慢地就會知道要怎麼運用這些理論了。

所以，與其說是要學理論，不如說是要學會用理論，這才是真正的功夫。

chapter 2

「以人為本」的可攜式銷售思維

我曾經在信義房屋做過兩年第一線的房仲業務，那時大約是一九九五年左右，在某個秋天的週末，一對夫妻帶著讀小學的女兒來看房。我帶他們走進金華國中附近一棟中古公寓的陽台，指著不遠處剛建好不久的大安森林公園說：「看到那邊的大安森林公園了嗎？這裡是台北最大的市區森林公園。再過幾年，捷運大安森林公園站也會通車。」

小女孩趴在陽台欄杆上，對著工地上的怪手眨著大眼睛。我蹲下來，輕聲問她：「你知道嗎？金華國中就在附近，是台北最好的國中之一喔，以後你每天去上學，只要走路五分鐘就到了。」

先生看著我，眼神閃爍著不確定：「但這間的房價有點高……」我於是對他說：「王先生（以下案主皆為化名），價格是一時的，孩子的成長是一輩子的。在台北市，像這樣同時擁有好學校、便利交通和完善生活機能的地段，真的不多。」

幾天後，這對夫妻就簽下了合約。我知道我賣的不只是一間房子，而是一個幸福小家庭夢想的願景。

要成為一位好的房仲業務，一定要明白一個道理：賣房子，賣的不是一個建築物，而是賣一個未來生活的願景。這個經驗讓我領悟到銷售的底層邏輯：人們買的不是產品本身，而是產品能為他們帶來的改變與願景，更重要的是，這個邏輯不是只適用於單一產業，而是可以應用在任何產業。

賣保險時，不是在賣一張保單，而是在販售一份保障與關心；賣教育課程時，不是在賣知識，而是在販售一個自我成長與實現的機會；甚至一杯咖啡，賣的也不只是飲料，而是一股讓人能勇往直前的提神能量。

只要掌握銷售的底層思維，不管是賣房子、保險、課程，或是任何產品，都能找到打動人心的關鍵，因為你不只是推銷產品的功能與特色，而是在幫助客戶連結他們內心真正渴望的東西。

銷售思維就像一個可攜式的USB隨身碟，隨插即用，世界皆可通，因為**只要有人的地方，就一定會有需求與願景**。

銷售，就是與人溝通

銷售，從本質上來說，是一門與生活緊密相連的學問。它不是技巧而是通則：從房地產到科技業、從基層到管理層都通用，也不是只有銷售員與業務需要知道的學問，而是每一個人都應該具備的邏輯。

在羅伯特·席爾迪尼（Robert B.Cialdini）與人合著的著名書籍《就是要說服你》（*Yes! 50 secrets from the science of persuasion*）中寫道，所謂銷售，就是希望你買我的商品，付錢給我，而你因為我的服務或商品解決你的問題。這是賣方的方案跟買方的需求，而這件事背後的底層邏輯，就是影響力和說服力。

影響力和說服力，不是只有做業務的人需要，是每個人無時無刻都會需要的技巧。要把對方的錢放進自己的口袋固然很難，但要把自己的觀念推銷給對方，讓對方欣然接受，也從來不是一件簡單的事。前者也許只有業務工作需要，但後者卻是你我每天的生活日常。

在賣房子時，最重要的銷售技巧是在開始推銷之前，遵循「七分聊天，三分攻堅」的原則。比如，當一對客人來看房時，我會先禮貌地問：「請問這位是？」雖然我可能已經猜到他們的關係，但這個問題能幫助我確認他們的真實狀況。

他們的回答可能是：

- 「這是我太太。」——代表是穩定的家庭
- 「這是我女朋友。」——表示正在規劃未來
- 「這是我朋友。」——可能還有其他考量

每個不同的答案，都會引導出不同的銷售策略。比如對已婚夫妻，我會強調生活機能；對情侶，我會著重未來發展；對朋友關係，我會進一步探問真實的需求，也許他們更側重的是投資價值。一個好的銷售人員，不只是聽答案，更要聽懂答案背後的意義。

換個場景，領導者管理員工需不需要銷售思維？是否也可以用到「七分聊天，三分攻堅」的技巧？一個好的主管，某種程度上也是在「銷售」願景、價值觀和工作目標。當你要推動一項新政策，或是要說服團隊接受新的工作方式時，「七分聊天，三分攻堅」的技巧同樣適用。

以推動新的工作制度為例，在「七分聊天」的階段，可以先約團隊成員喝咖啡，了解他們的工作痛點，分享其他團隊的成功經驗，等到話題自然帶到工作流程時，才進入「三分攻堅」，提出新制度的構想，說明這能如何解決他們的問題，讓工作變得更有效率。這種方式之所以有效，是因為先建立了共鳴和信任，而不是上對下的命令。

其實，職場中的每個人都在「銷售」：員工向主管「銷售」自己的想法和能力，主管向員工「銷售」公司的願景，部門主管向高層「銷售」團隊的價值。關鍵在於，**好的銷售不是強迫或說服，而是透過同理心去理解對方的需求，然後展示如何能為對方創造價值**。好的領導者就像優秀的銷售員，知道如何在對的時機、用對的方式，讓團隊自願追隨你的方向。

所以，銷售思維怎麼會只有業務員需要？銷售，就是一種深刻的人性洞察和溝通藝術，無論在什麼場合，掌握這個底層思維，能讓我們的工作更有效率，人際關係更加順暢。

是人都有需求：讓沒需求變成有需求，弱需求變成強需求

在我的職業生涯中，我當過台達電子的人資、採購，在信義房屋賣過房子，在當時的華信銀行（現永豐銀行）銷售理財商品，也在安捷倫當過業務，賣高科技測

量設備的維修與保固合約。甚至後來成為職業講師，或者是現在的知識傳播工作者，表面上是完全不同的領域，但我發現：銷售的核心邏輯是完全互通的。

在信義房屋時，客戶不是來買房子，他是來買未來的生活；在永豐銀行時，客戶買的不是理財產品，他買的是財務彈性與保障；到了安捷倫，一樣的道理——企業客戶不是來買儀器設備的合約，他是來買穩定性、品質保證與後續服務，本質上都是一樣。

這個領悟讓我開始系統化整理自己的銷售思維，並開設了一門「銷售思維課」，這門課在企業內部特別受歡迎，為什麼？因為我教的不是技巧，而是思維方式。**只要專注於銷售的底層思維，而不是表面的話術和技巧，就能夠將銷售原理運用到任何行業中。**

舉個例子，任何交易要成立，不管是B2B還是B2C，都必須具備這兩個條件：

1. 買方有需求。

2. 賣方有產品或服務。

聽起來很簡單對不對？但關鍵在於：

・當你是賣方，你要思考買方的真正需求是什麼？

・當你是買方，你要理解賣方到底在賣什麼？

我建議把馬斯洛的需求層次理論（Maslow's hierarchy of needs）的五個層次放在腦海中，常常去思考，這個交易中，買與賣的究竟是什麼？在馬斯洛的需求層次中，大抵分為兩個部分：必要（Must）、想要（Want）。

「必要」包含生理需求與安全需求，我稱之為「要什麼」與「怕什麼」。生理需求很好理解，從吃便當、喝一口水、有錢維持生計、擁有一個棲身之所，都是生

圖表1　馬斯洛需求層次理論

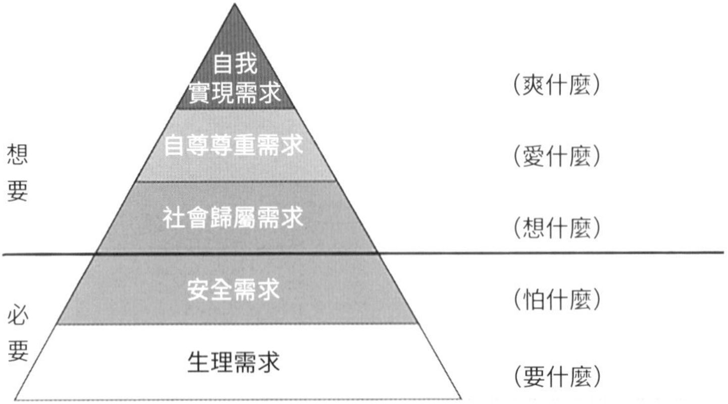

*括號內文字是我的詮釋。

存的必要條件。第二個層次是安全需求，例如人身安全、以及生活各方面的穩定與保障。

再往上則被我歸類為「想要」，包含社會歸屬需求、自尊尊重需求與自我實現需求，我稱之為「想什麼」、「愛什麼」與「爽什麼」。社會歸屬需求是希望能在社群團體中擁有一席之地，自尊尊重需求則是關於愛的層面，人們渴望被尊重、被重視的感覺，而最後的自我實現，則是讓你感到愉悅、獲得成就感的事物。

如果以我曾開辦過的「憲福育創」來舉例，這些課要價不菲，從不同層次來看，這些課程除了與生理需求比較無關之外，其實也滿足學員的安全需求：你內心的恐懼是什麼？害怕落後？害怕輸給競爭對手？害怕自己的業績或作品比不上別人？害怕無法有效帶領團隊？害怕溝通能力不足？甚至是害怕跟不上課程進度？這些「害怕」，正是我們能夠切入的銷售點。

其次，現在大家在社群媒體上似乎擁有很多朋友，但事實上會見面的人寥寥無幾，而憲福育創除了課程之外，也提供了一個社交平台，讓相似背景的人能夠自在交流，除了滿足社交需求，也從中獲得尊重與自我實現的感受。

這個邏輯可以套用在很多產品上，例如我曾經做過極憲爆米花、花生糖等禮品，可食用的爆米花、花生糖是跟生理需求相關的「必要」，而精美的包裝盒、附贈的金句集或紅包袋則是「想要」；打電話、傳訊息是「必要」，但 iPhone 的品牌標籤則是「想要」；一個能裝東西的包包是「必要」，但愛馬仕（Hermès）、香奈兒（Chanel）展現出社會地位則是「想要」。

理解並運用這些銷售思維，能幫助我們更精準地觸及客戶的真實需求，創造更大的價值。如果我們是賣方，就是要刺激買方的需求，讓沒需求變成有需求，弱需求變成強需求；如果我們是買方，就是要做一個更聰明的消費者，確認賣方是在話術我們，還是產品服務真的符合自己的期待。

當你真正搞懂這個底層邏輯，你就會發現：**所有的商業活動，不過就是兩方在做交易，這個道理，放在哪個行業都通用**。

這才是真正終身受用的能力。銷售思維，在全世界都是相通的。

chapter 3

「共好」才是高明的銷售策略

二〇〇一年六月，一通電話徹底改變了我在安捷倫的職場路徑。當時我才剛離開銀行的工作，進入安捷倫不到一年時間，安捷倫是當時全球頂尖的測試分析儀器生產商，我負責向客戶提出最適合的維護合約方案，銷售延長保固和校正保證的服務合約。對一個連電路圖都看不懂、英文又不是非常靈光的新人來說，這份工作充滿了挑戰。

那通電話是一個客戶的廠長打來，電話那端焦急說道：「工廠發生火災了！」那間工廠當時正為Nokia和Motorola代工生產風靡全球的海豚機和翻蓋手機，機器必須二十四小時不停運轉。那場火災來得突然，雖然沒有造成嚴重的燒毀，卻帶來更棘手的問題：我們賣出去的儀器被濃煙、粉塵和消防泡沫搞得一團混亂，但也因為不是燒毀，反而無法透過保險來理賠損害。

當天下午六點，我趕到現場時，眼前的景象讓我震驚。平日威嚴十足、對業務總是一板一眼的工廠負責人，全身沾滿汙漬，緊握著我的手說：「拜託，拜託。」那一刻，我感受到事態的嚴重性。

很快，各方的立場開始浮現：客戶老闆最擔心的是失去 Nokia 和 Motorola 的訂單；工廠負責人急需設備恢復運作，無論是買新的機器或把舊機器修好，只要能運作都沒關係；客戶的採購部門希望用最低成本解決問題。

而我們公司這邊，業務部門希望客戶全部換新的機器，大賺一筆；維修部門（我的部門）則希望大部分用維修方式修復，也能大賺一筆；參與其中的保險公司則希望可以少賠一點；公證公司則是保持客觀立場，中立地寫報告。

情況更複雜的是，新加坡的競爭對手聞風而來，提出了比安捷倫更便宜的維修方案。

正當各方角力時，我運用了過往在房仲業擔任業務時的銷售思維，找到了自己的優勢：正因為我不是技術專家，反而能專注於協調溝通，於是我開始每天發送詳細的進度報告，讓各方都能掌握最新狀況，在專業評估時，我則適度保留，為談判留下空間。

最終，我提出一個平衡的方案：三分之一設備全新更換，確保生產線能快速恢復；三分之二設備送回維修，控制整體成本。這個方案不僅解決了眼前的危機，也讓各方都得到了合理的利益。客戶的訂單得以保住，我們的業務目標達成，保險公司的賠付也在合理範圍內。只有競爭對手吃了虧，因為他的訂單飛走了。

這個專案後來讓我獲得了當年全公司達成率第一名，還拿下了亞洲區服務品質白金獎，二〇〇四年更進一步拿到總裁獎，成為我在外商科技公司的高光時刻。但對我而言，最寶貴的收穫還是對銷售思維的理解與應用，也讓我更加清楚，要成為一個好的業務，除了具備產品的專業、銷售的技巧之外，**還要搞清楚誰是你的買家、誰是做決策的人，還有他們究竟在意的事情是什麼。**

不要把客戶當客戶，把客戶當「人」

不管是任何產品的銷售，最終都會面對三種角色：使用者、決策者、購買者。在一般的情況下，尤其是面對客戶端的零售產業（B2C），這三個角色通常是同一個人。但有時這三個角色也可能是不同的人。以補習班為例，使用者是孩子（實際上課的人），決策者是媽媽（評估補習班好壞的人）、購買者則是爸爸（支付學費的人）。

這時銷售策略就需要同時照顧到不同角色的需求，對孩子，可以強調課程有趣、老師親切、課間的點心很好吃；對媽媽，則可以著重升學率、教學品質、補習效果；對爸爸，則可以提供優惠的收費方案，或是更彈性的付款方式。

如果換到企業銷售（B2B），這種多方角色的情況就更為常見了。在企業銷售時，使用者可能是工程師，決策者是總經理，購買者則是採購。這三個角色不同，所以銷售過程會更長，消費決策的流程也更複雜。但如果你仔細觀察，最終都會發現一個共同點：**銷售的本質是對人的理解和處理**。

- **使用者**：工程師
- **關注點**：產品的實際功能和使用體驗
- **思維模式**：只在意好不好用，其他都不是重點

- **決策者**：總經理
- **關注點**：公司訂單、整體績效
- **思維模式**：要有決策的空間和面子

- **購買者**：採購
- **關注點**：今年要比去年便宜，付款期限要更長
- **思維模式**：成本愈低愈好

以上述工廠失火的案子為例，客戶老闆最在意的是Nokia和Motorola的訂單、工廠負責人急需設備恢復運作、採購部門則關注成本控制。同時，還要平衡安捷倫自己內部各方立場，包括想賣新設備的業務部門、期待維修業務的維修部門，以及外部的保險公司和競爭對手。

成功的銷售從來都不是單純的賣產品，或是想要一個人盡收利益。一個優秀的業務人員，就是要在複雜的局面中，提出一個能照顧到各方利益的方案，如果當時，我依個人利益提出全數設備採用維修的方案，表面上看似能為維修部門創造最大利益，但實際上可能會帶來更差的結果。

首先是時間風險，全數維修意味著工廠需要更長的停工時間，這對一個二十四小時運轉的手機代工廠來說簡直是災難。Nokia和Motorola的訂單可能會因為交期延誤而流失，造成客戶（決策者）的重大損失。一旦客戶失去了這些關鍵訂單，不僅會影響我們的長期合作關係，更可能讓客戶面臨經營危機。

其次是競爭風險，新加坡的競爭對手已經虎視眈眈，如果我們不能快速提出一個平衡各方利益的方案，客戶很可能會轉向競爭對手尋求解決方案。一旦失去了這個客戶，不只是這一單的生意沒了，未來的維修合約也會跟著流失。

最後是信任風險，這種只顧自己利益的做法，會讓客戶感受到我們沒有站在他們的立場思考。即使這次的訂單勉強做成，也會傷害彼此的信任關係。在市場中，口碑和信譽比短期利益更重要。

所以說，**真正高明的銷售策略不是「全拿」，而是「共好」**。當你在規劃銷售策略時，一定要先搞清楚三個問題：

1. 誰會實際使用這個產品？
2. 誰會付錢？
3. 誰來做決定？

只有完全理解這三個角色的差異，並針對各自的需求去溝通，銷售策略才會真正奏效。這就是為什麼我常說，做銷售不只是賣東西，更是要懂得人性。不管是口才表達、商品理解、痛點描述，還是問題解決，這些都是銷售的思維。

我告訴大家一個重要的真相：你不是在跟「公司」打交道，所謂的客戶，不管是採購經理、技術長還是總經理，說到底他們都是「人」，只要是人，都會害怕做錯決定，也會在意同儕評價，也需要安全感。當你真正理解這一點，你的銷售工作就會變得如魚得水，因為最終我們都是在跟人打交道。

先把你現在的專業身分放一邊，不要去想產品有多好、為什麼沒有人買，而是去理解，成功的銷售不在於說服別人「接受」你的方案，而是了解並平衡各方的需求，「解決」他們的問題。

理解人性，才是銷售的核心。

chapter 4 無所不在的行為經濟學

去年秋季，我到一家企業做業務主管的教育訓練，跟大家玩了一個遊戲，現在也邀請你花三十秒的時間，試著想想看下面的問題：

現場一共有三十六個業務主管，如果每一個人各自寫下兩個生日，也就是一共七十二個生日，當中會不會有重複的日期？

當天認為「不會」的學員一共有九位。我跟他們說：「如果你們輸了，你們一個人給我兩百塊捐給慈善機構；但如果你們贏了，我一人賠一千塊。」

接著，我請他們從第一排的學員開始報日期，只要有人聽到跟自己寫下的日期重複，就立刻舉手。

你猜猜看，結果如何？

第一位學員：「四月十八日、三月二十八日。」安靜無聲。

第二位學員：「五月一日、一月十一日。」沒中。

第三位學員：「三月三十一日、三月二十八日。」還是沒中。

第四位學員：「一月三十一日、八月二十日。」這一次有人舉手了。

這一招我在很多地方都玩過，每一次都是穩賺不賠（最後當然沒有真的跟學員收錢），為什麼？讓我們一步步分析這個原理。

首先，一年有三百六十五天（暫不考慮閏年），所以生日可能的日期是三百六十五個。接著，使用鴿籠原理分析，有七十二個生日要放進三百六十五個日期中，這是「七十二個物品放入三百六十五個盒子」的問題，我們可以先計算不重複的機率，再用一〇〇%減掉生日都不重複的機率，就可以得出生日重複的機率了。

七十二個人生日不重複的機率：

P（不重複）＝

(365/365) × (364/365) × (363/365) ×……×

(365-72+1/365) ＝ 0.015

不重複機率只有一・五％，所以有九八・五％的機率，生日會重複。也就是說，雖然在三百六十五天中選七十二個生日日期，直覺判斷應該不會重複，但從機率來看，有高達九八・五％的機率會出現重複的日期，幾乎可以說是一定會有重複的日期出現。甚至，只要喊出超過二十三個不同生日日期，重複的機率就超過了五〇％，這也告訴我們，**有時實際結果會與直覺很不相同**。

你的直覺，有時沒有你想像得那麼準確。

我們看不見自己的看不見

大部分人在做決策時都是用直覺，這也是康納曼（Daniel Kahneman）在《快思慢想》（*Thinking, Fast and Slow*）中講的「系統一」跟「系統二」的運作方式。系統一就像是我們的自動駕駛，快速、直覺、不用想太多；系統二就是深思熟慮，要花時間、要動腦袋的思考方式。

圖表 2　系統一與系統二的差異

思考方式／情境	系統一（快思／直覺）	系統二（慢想／分析）
數學計算	9×7=63（背誦九九乘法）	39×51（需要計算）
開車上下班	熟悉路線的日常通勤	使用導航（避免迷路風險）
停車	一般寬敞車位	狹小機械車位（需注意兩側）
100 公尺賽跑	跑步動作（已熟練）	聆聽起步槍（需專注）

我們在做決策的時候，大部分都是使用系統一的快思，也就是靠直覺。系統一大部分時候都是對的，這也是為什麼直覺可以帶著我們平安度過這麼多年，沒出什麼大意外。但在一些重大決策或複雜情境中，單純依賴直覺可能會讓我們陷入危險。

例如在火場中，很多罹難者都是下意識地往上逃難，或是躲進廁所，因為那是最「直覺」的選擇，但事實上，往上走很容易被濃煙侵襲，而躲進廁所更難逃脫火場。圖表2顯示系統一與系統二思考方式的差異。

我們可以發現一個有趣的規律：系統一通常用於熟悉的事物、重複練習過的動作，以及不需特別注意的日常活動；系統二則用於需要計算的問題、有風險的情況、需要特別專注的時刻、失誤代價較大的場合。但最難的地方就在於，我們必須在快思跟慢想之間尋找平衡，要知道什麼時候該用直覺，什麼時候該停下來想一想。

我自己就有一個血淋淋的教訓。以前我在面試新人的時候，特別喜歡孝順的人，每次面試我都會問：「請問你怎麼對待你的父母？」如果聽到對方說：「我每天下班都會回家陪爸媽聊天。」我就會覺得：「哇，這個人真孝順，一定是個好人。」結果呢？一個月後我就後悔了。我才發現一個人孝不孝順，跟他能不能做出業績，根本就是兩回事啊！

現在回想起來，當時用人單純因為他孝順，這完全是系統一在作祟，就是憑直覺、憑感覺，但是評估一個人能不能做出業績，應該要用系統二，仔細分析他的能力、經驗和特質。這根本是不同的課題，應該要分開來評估，不能混在一起。人在做決策的時候，常常會受到這種「雜訊」的干擾，如果你沒有想清楚，直接用習慣的系統一來判斷，就很容易做出錯誤的決定。

《快思慢想》提到的這個觀念，非常適合用在銷售場景中。銷售本身就是一門行為科學，例如**我們常說的「情境式銷售」，其實就是運用消費者「快思」的慣性**，讓他沒有時間、沒有多餘的精力進行「慢想」，信用卡就在不知不覺中刷了下去。因為系統二是很懶惰的，那麼，要怎樣讓系統二勤勞一點，幫助我們做更準確的思考決策？

康納曼認為，我們需要主動給系統二一些提示，例如路邊寫著「小心地滑」的黃色指示牌，讓我們啟動更謹慎的走路方式，或者是看到很多人在排隊、簇擁、吶喊、搶購時，不妨先慢個三十秒，停下來自問：「我真的需要這件東西嗎？」

而當我們角色轉換，站在銷售者或業務的角度時，則要隨時記得每個人的大腦都有這兩個系統在運作，跟客戶談話時，要非常清楚你現在是在啟動他的哪一個思考系統，如果要讓對方進入快思，講話速度就要快，為他創造一個情境，使他不自覺地使用直覺思考；但如果你不想刻意造成他的壓力，也可以慢慢地說：「你可以回去想想再做決定。」即使心裡很想要他馬上付訂金，但這卻是培養信任感的好方法，讓他對你更有好感。

我的好朋友 Grace 是資深的保險業務，她剛開始做保險時很容易被問：「你保險做多久了？會不會做沒多久就不做了？」這個時候，你要知道客戶問你的雖然是一個理性（系統二）的問題，但背後其實是一個感性的需求（系統一）。這時候你可以用系統一回覆，例如先回問他：「請問你會擔心我不做的原因是什麼？是因為怕保險買了之後，最後沒有人服務嗎？」如果他說是，你當然也可以傻傻照著公司教你的話術回答：「其實你買的是一份契約，即使我不做了，公司還是會按照契約走。」這可能是標準答案，但是有時候客戶不想要聽到這麼官腔的回答，因為他心中系統一的感性需求並沒有被解決。更好的做法也許是向客戶分享自己加入這一行的初衷，讓他信任你的誠心，從感性（系統一）的角度切入：「你知道嗎？其實我加入保險業是真的很希望在幫助別人的同時，我自己也可以賺到錢，所以我會在這個產業裡面繼續努力，不會輕言放棄。」

這一套邏輯，在我擔任房仲時也會用到，最常講的就是像「如果我是你兒子，我一定會勸你賣」，這種換位思考的方式，尤其對那些兒女長年不在身邊的老人家很管用。或者如果是賣車的業務，也可以在向年輕男性客戶推銷酷帥的轎車或跑車時強調：「這台車真的很適合你，如果現在不買，等以後有老婆、小孩了，可能也不會再買這種車了，要帥就帥這一次！」

了解人類決策機制的運作方式，並且用一句有力的話創造銷售情境中的急迫感，就能有效提高成交率，這種急迫感不一定要用限時、限量的方式，而是讓客戶覺得就在這個當下，他應該要馬上做出決定，而這就是行為經濟學在銷售中發揮的超能力。

chapter 5

解密銷售黃金矩陣，把陌生人變好朋友

聊了這麼多關於為什麼我們應該內建銷售思維，以及銷售思維的底層邏輯之後，現在我要用一個銷售黃金矩陣做為概念總結，這個黃金矩陣的原名為「選擇忠誠策略」[1]（Choosing a Loyalty Strategy），是由賴納茨（Werner J. Reinartz）與庫瑪（V. Kumar）兩位學者在二〇〇二年提出的客戶分類理論，他們依照兩個重要的指標：「利潤貢獻度」，也就是這個客戶能帶來多少利潤；以及「忠誠度」，代表客戶願意持續交易的程度，將客戶分成四種類型。

第一種是「花蝴蝶」（Butterflies），這類客戶帶來高額利潤，但總是蜻蜓點水，來去如風。他們可能一次消費就是幾十萬，但買完就飛走了，難以建立長期關係，對這類客戶，關鍵在於如何留住他們，培養他們的忠誠度，讓他們願意定期光顧。

第二種是「好朋友」（True friends），這是企業最理想的客戶，他們不僅消費金額可觀，還保持著高度的忠誠度。這類客戶就像知心好友，需要用心經營，維持長期的良好關係。

第三種是「陌生人」（Strangers），既不常來，消費金額也不高。他們可能是初次接觸的客戶，或是還在觀望的潛在客戶，對於這類客戶，企業需要評估投入資源的價值，決定是否值得進一步開發。

第四種是「藤壺」[2]（Barnacles），藤壺是一種生存於潮間帶，固著在堅硬物體表面，靠濾食維生的鞘甲綱蔓足亞綱生物。指這類客戶雖然常來，卻總是耗費資源，只帶來微薄的利潤。典型的例子就像天天在咖啡店坐一下午，卻只點一杯美式咖啡的客人，他們雖然忠誠度高，但利潤貢獻度低，關鍵在於如何提升他們的消費

注1 我在課堂上簡稱為「忠誠／利潤矩陣」。
注2 我在課堂上稱為「寄生蟲」。

圖表 3　選擇忠誠策略

	不常往來，忠誠度低	時常往來，忠誠度高
帶來利潤高	花蝴蝶	好朋友
帶來利潤低	陌生人	藤壺

資料來源：《哈佛商業評論》（*Harvard Business Review*）

額度。

了解這個矩陣的目的，不僅是為了分類，更重要的是讓更多客戶往右上角移動，變成好朋友：讓花蝴蝶型的客戶養成固定光顧的習慣，成為合作夥伴；提升藤壺型客戶的消費金錢，讓他們也能成為有價值的夥伴。要達到這些目的，最重要的就是提升兩個關鍵指標：一是「利潤」，二是「忠誠度」。

首先，從提升利潤的角度來看，我們可以藉由設計產品組合，用搭售與綑綁提高客單價，並善用行為經濟學的理論，引導客戶選擇更高階的產品，我在第二部中會更深入說明。

在提升忠誠度方面，建立信任感與情感連結

則是關鍵。我常說：「學銷售就是學做人。」這句話聽起來簡單，卻是最深奧的道理。第一次接觸時，也許客戶只是對你的產品有興趣；第二次互動，他開始注意你的專業能力；到第三次、第四次，他會觀察你是否真心為他著想，就像交朋友一樣，需要時間醞釀，也需要真誠投入。

我發現許多銷售人員常犯的錯誤，就是太急著要達成交易。記住，**成交只是結果，不是目的**。我們的目的是要讓客戶感受到我們的價值，讓他願意持續跟我們合作。就像我前面提到的「七分聊天，三分攻堅」，大部分時間都要用來了解客戶、建立關係，而不是急著推銷產品，最好是用長期的角度來培養忠誠與信任。

銷售，不是一次性的交易，而是一輩子的經營，當你真心為客戶著想，用心經營每一段關係，自然能將花蝴蝶變成好朋友；同時透過行為經濟學、行銷學等技巧提高利潤，把藤壺轉化為有價值的夥伴，這才是超級業務的致勝心態（mind-set）。

提高利潤：不想著賺錢，反而獲利

二〇二三年，我在天下文化出版我的第一本人生傳記《極限賽局》，當時在討論作者的購書優惠時，發生一件有趣的故事，可以做為一個銷售思維的案例與大家分享。

由於我之前也曾在其他出版社出過書，在談判的過程中，我先試著協商：「以前某某出版社提供的條件是如何，我希望在這裡也能有同樣的條件。」一開始，出版社基於利潤考量並沒有馬上答應，但後來，我使用了銷售思維，透過與企業演講、企業課程的搭售，很快就先提供給出版社未來三個月我的客戶已經預訂的新書數量：這邊五十本、那邊一百本、另一邊兩百本，在書都還沒印好之前，就已賣出逾千本。出版社看到這些數據後，很快就為我調整了作者購書優惠。為什麼？因為我不把書當書在賣，而是包裝成一個全新的銷售模式，打破了過往對書籍銷售的想像，讓銷量大幅提升。

首先，我提升了客單價，又用相對價格優勢，讓演講和書合購比分開購買更划算，這種演講搭書的概念，創造出新的定位，讓演講不只是演講（回家還可以看書了解更多），也讓書不只是書（搭配有影片與配樂的憲哥現場演說）。

對我來說，演講是我事業的主產品，書是副產品，雖然書不是主要收入來源，但我很樂意推廣，因為這能創造多贏：企業客戶得到了便利和優惠，出版社獲得了穩定的銷量（雖然利潤較低），而我也藉由多元的平台與產品，達到了推廣的目的。

對我而言，銷售思維是日常生活的一部分，不是刻意為之的銷售行為，關鍵在於：**不要總想著「我要賣你什麼」，而是要讓對方感受到，這是一個對雙方都有利的合作**。如果只想著把對方踩在腳下，那麼最終沒有人會願意和你一起努力。

銷售思維的運用就像武功修練一般，有不同的境界。第一個境界是「手中有劍，心中無劍」。就像初學劍術的人，首先要學會基本招式，我們會記住前輩傳授的銷售技巧，照著主管教的方式去做，把課堂上學到的話術背得滾瓜爛熟。這個階段完全依賴外在的技巧，還沒有發展出自己的見解，就像一把劍握在手中，卻還不懂劍的真諦。

第二個境界是「手中無劍，心中有劍」。當我們累積了一定經驗後，開始不再死背話術，發展出自己對銷售的獨特見解，憑藉經驗和直覺來應對各種銷售情況。就像武者已經熟練了招式，開始更上一層尋求劍道精神，這是大多數還不錯的業務所處的境界。

第三個境界「手中無劍，心中亦無劍」，這是最高的境界，也就是以無招勝有招。記得在安捷倫服務時，有次新人搞不定客戶，請我跟著他們一起去拜訪客戶，他們緊張地問我：「需要準備什麼資料嗎？」我說：「不用，到了再說。」因為我已經不需要刻意準備話術，不需要帶著厚厚的簡報資料，甚至不需要想著「我要去銷售」。只需要輕鬆自在地與客戶交談，了解他們，想著如何幫他們解決問題，通常幾句話就能達成目標。

這就是最理想的銷售狀態，不要想著獲利，反而更賺錢。當我們掌握了這個原則，銷售就不再是一場零和賽局，而是一門尋求雙贏，甚至多贏的藝術。

提升忠誠度：人性的溫度無可取代

進入ＡＩ時代後，很多人開始討論銷售工作會不會被取代，認為未來或許只需要網路銷售就夠了，但我認為，無論科技再怎麼發達，人與人之間的真誠交流都是無法被取代的。如果銷售最終淪為冰冷的供需交易，完全失去了人性的溫度，絕對不會是一個理想的未來。

我之前被確診罹癌需要做手術，最令我印象深刻的不僅是醫生精湛的手術技術，還有他在術前對我說的話：「這只是小問題，你只要好好控制，一定會有美好的未來。」短短的一句話給了我莫大的信心和勇氣，這種出於人性的關懷與支持，是再強大的ＡＩ都無法模仿的。

同理，一位優秀的銷售人員，不只是在賣產品或服務，更是建立人與人之間的連結。需要理解客戶的需求、感受客戶的情緒，最後提供最適合的解決方案，這種深層的理解和同理心，是ＡＩ永遠無法取代的。

前面提到，《朋友與敵人》書中指出，最能給人信任感的人，通常有兩種明顯特質：「能幹」與「溫暖」。我們信任能幹的人，因為他可靠、效率高、事情做得好，如果又同時具備溫暖的人格特質，未來無論何時需要產品或服務，一定會第一個想到他。

當然，除了這兩個特質，還需要「**言行一致**」**才能建立長期的信任感**。舉個例子，如果有一位房仲業務員，他總是默默記住你跟他說過的大小事，你不經意提到某家咖啡廳的拿鐵非常好喝，下次他帶你看房時，就出其不意拿出一杯請你，這就是溫暖；同時，談到每個社區，他對於周邊生活機能、房價走勢，甚至連建商的背景都瞭若指掌，讓你感覺跟他買房更有保障，這就是展現能幹；最重要的是，他從不為了急著跟你成交而畫大餅，看到房子有問題也會據實以告，而且你發現他不只這樣對你，而是對每一位客戶都一樣誠信，這樣的好口碑讓你忍不住想將身邊需要買房的親朋好友都介紹給他。

在競爭激烈的房仲市場中，同時具備這三種特質的業務員，才能成為客戶心中最信任的「顧問」，而不只是個賣房子的「業務員」。

現在這個網路發達的時代，客戶其實都很內行，稍微上網查一查，誰是在胡說八道、誰是真心為你著想，馬上就看得出來。所以與其玩花招，不如把這三項特質落實在工作中，在這個「講求速度」的時代，「慢慢累積」長期的信任關係。

所以我一直強調，學習銷售其實就是在學做人。一個銷售成績優異，又能保持謙遜感恩的人，就是最好的典範。他在主管眼中是個可靠的好員工，因為他懂得承擔責任；在同事眼中是個值得信賴的夥伴，因為他願意分享經驗；在客戶眼中更是個真誠的朋友，因為他真心為客戶著想。

這種人際關係的建立和維護，不是靠著制式的話術或流程就能達成，更需要真實的情感投入和用心經營。在這個日益數位化的時代，**或許有些銷售流程可以被科技優化，但人與人之間的真誠互動永遠不會過時**。

在下一部中，我會分享更多行為經濟學如何實際運用在銷售工作上的實戰心法，以及十二種生活中常見的實用理論。

憲哥復盤

1. 學理論只是第一步，但卻是重要的一步。理論可以給你框架，把現實生活中遇到的現象放進框架之中，試著用框架去理解它。
2. 與其說是要學理論，不如說是要學會用理論。
3. 只要有人的地方，就一定會有需求與願景。
4. 銷售，就是一種深刻的人性洞察和溝通藝術。
5. 在規劃銷售策略時，先搞清楚三個問題：誰使用產品？誰會付錢？誰做決定？
6. 不要總想著「我要賣你什麼」反而獲利更多。要讓對方感受到，這是一個對雙方都有利的合作。
7. 優秀的銷售人員會理解客戶的需求、感受客戶的情緒，然後提供最適合的解決方案，這種深層的理解和同理心，永遠不會被AI取代。

PART 2

專業——
看不見的說服力，使利潤翻倍

chapter 6

價格取決於價值：問題不夠嚴重，價格就是問題

二〇〇九年二月，我剛從安捷倫辭職轉行成為職業講師不久，大約三年資歷，那一年我接到一個重要的案子，讓我突然看清一件事：原來成為講師能帶給客戶的價值，不只是站在台上上課而已。

還記得當時的我還沒有什麼名氣，沒寫過專欄、沒有自己的廣播節目，連第一本書都還沒出。每個月的收入雖然不少，但都是靠著接更多課程、跑更多場次才能支撐起來。此外，我接的課程可以說是包山包海，客戶想要什麼，我就得提供什麼——業務培訓、團隊建立、主管訓練，我統統都接。但很快就遇到一個現實的問題：不管怎麼努力，講師費就是漲不了太多。

不過人生總是充滿意外，一個改變我思維的案子就在那一年出現。

二〇〇七年，我曾為一個五金量販品牌開設一門「教出好幫手」的課程，我所屬的盟亞企管便以此為產品跟寶雅牽線，約了一個提案會議。還記得那天下午，我坐在寶雅總部的會議室裡，總經理走了進來，我先是跟他閒聊兩句，意外發現他是大我幾屆的逢甲大學學長，我們講了一些逢甲人才懂的話題後，會議室的氣氛從原本的拘謹突然變得自在許多。

最讓我印象深刻的是，當總經理聊到公司未來的計畫時，整個人散發出一種難掩的雄心。「我們現在主要是在台南深耕，」他眼睛發亮地說：「但接下來我們會用包圍戰術，從鄉下打進都市，現在全台灣只有十幾家店，在未來五年內要衝到六十家以上！」說到這裡，他的表情突然變得嚴肅起來，「但講真的，人才是我現在最傷腦筋的地方。台南的老員工都很懂我們的核心是什麼，可是要把這種精神複製到新開的店，讓新員工了解，真的很不容易。你能不能幫我開門課，解決這個問題？」

聽到這裡，我心裡有數了，這已經不是培訓人才的問題，而是整間企業能不能順利展店的命脈所在。於是，我為寶雅規劃了一套完整的培訓方案，除了「教出好幫手」的基本功之外，我還建議他們搭配「高效團隊領導」這堂課並行。我對他說：「如果只上教出好幫手的課，當然也會有不錯的效果，但是對員工的心靈層面沒有太大的幫助，頂多就是複製了很多可以上工的機器人。但如果我們把團隊領導的課程也搭配進來，就可以帶人也帶心，打造更好的團隊文化。」

我找到對方的需求後，才提出搭售方案，最後，我成功說服寶雅的總經理，從二〇〇九年一直到二〇一二年這四年間，總共開設了超過三十梯、囊括全台的巡迴員工課程，每一梯大約三十人到一百人，課程從最基本的店內流程教起，例如櫃台有很多客人排隊等結帳，我們就會設計一個代號「九九九，櫃台需要！」意思就是：「櫃台現在很多人，趕快來救啦！」這類型的課程主要關於基本功以及店務流程，幫助寶雅在快速展店時可以用最少的時間帶領新人熟悉事務。這種課程很重要，但是因為比較低階，上起課來時數長、勞力密集，對我這個講師而言，並不是利潤最好的產品（課程）。

基本課程之外，另一堂課程則是建立團隊文化，我特別設計「我是啦啦隊長」這類型的團隊活動：要求每個學員來上課時都要帶兩個空寶特瓶，裡面裝綠豆，寶特瓶還要特別選那種搖起來聲音比較響亮的。上課當天我扛著一台輕便的電子琴去教室，接好音源線、插上電源，接著彈起一些簡單的曲子，像是朗朗上口的〈大力水手〉，再讓學員們跟著音樂節奏喊：「嘿！嘿！嘿！」整個課堂的氣氛一下子就被帶動起來了。你想像一下，整間教室裡八十個人同時敲著寶特瓶，砰砰砰的聲音有多大聲！

一開始，我只是想讓課程有一些亮點，不需要整堂課都教艱深的技巧，沒想到這個啦啦隊活動，後來竟然成了課程中最受歡迎的環節之一。最感動的是，有一次我收到寶雅麻豆店開幕的影片，看到區長帶著整個團隊在店門口喊口號，用寶特瓶大聲地搖節奏、喊口號，喊到路人都忍不住停下來看，那時候我就知道，我做對了。

寶雅需要的從來就不是一堂「教出好幫手」的課，他們真正需要的是能夠幫助企業快速展店的人才培育方案，這個重大需求，決定了整個專案的價值。果然，寶雅後來也真的成功展店，股價從一開始的三十八元，展店後一路漲到兩百多元，後來甚至到五百多元，一度被譽為台灣的零售業股王，實踐了從台南起家、稱霸全台的願景。

對我而言，這系列課程不只讓我那幾年的收入大幅提升，更讓我收納了許多寶貴的經驗，最後濃縮精華，寫成《教出好幫手》一書，幫助我的職業生涯邁向下一個里程碑。

如今回頭看這段歷程，最大的體悟是：不管我在課堂上表現得多精采，如果沒有真正解決客戶的問題，那就像是一場漂亮但沒有實質幫助的表演。就像看病一樣，醫生不能只是開藥，而是要找出病因才能根治。

當我開始深入了解客戶的真正困擾，並且提供完整的解決方案時，一切都不一樣了。**價格反而不再是客戶最在意的事情，因為他們看到的是投資報酬率**——當你能幫客戶解決一個價值百萬、千萬，甚至上億的問題，再昂貴的課程在客戶眼中都是划算的投資。

客戶不是買產品，而是解決方案

「怎麼這麼貴？」做生意的人一定都聽過這句話。我自己當業務時也常被問到這個問題，一開始總是手足無措。但漸漸的，我發現一個有趣的現象，我把它稱為「銷售天平」理論。

想像一下，當我們半夜突然身體劇痛難忍時，根本不會去計較急診費用多少，只想趕快找醫生止痛。這就說明了一個道理：當問題夠嚴重，價格自然變成次要考量。反過來說，如果客戶一直在意價格，往往代表他們還沒感受到問題的嚴重性，或是不認為這個問題值得投入這麼多錢去解決。

所以，**面對在意價格的客戶時，最重要的是找出他們的真實需求**。我總是會先問客戶：「這堂課，你覺得最重要的兩個目標是什麼？」有時候會聽到直白的答案如「預算要花完」，有時是「配合公司組織重整政策」。不同的答案會引導我往不同方向設計課程內容。

圖表4　銷售天平

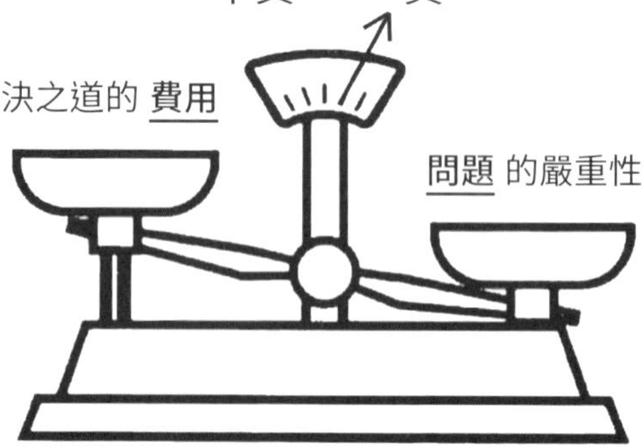

舉個例子，有客戶一來就說：「預算有限，有沒有比較便宜的課程？」面對這種情況，我不會直接談降價或減少時數，而是會追問：「能聊聊為什麼現在想開這個課程嗎？公司遇到什麼特別的狀況？」

有一次，通過這樣的對話，客戶就對我說出了他們正遭遇的真實困境：公司最近提拔一批主管，都是從基層升上來的好手，業務能力很強，但完全不會帶人。結果每週都有人離職，人才嚴重流失，如果持續下去，這些新手主管自己也會撐不下去，最終影響公司業績。

這時我就明白了，他們需要的不是一般的「主管培訓課程」，而是一套能幫助新手主管快速站穩腳步的完整方案。於是，我把話題轉向更實際的問題：「一個員工離職，從招募到培訓，公司要花多少成本？」、「一個優秀主管的養成，值多少錢？」當客戶開始計算這些數字，課程價格反而變得不那麼重要。就算這次可能無法提高價格，至少未來推薦更進階的主管課程時，能做為參考基準。

客戶說出來的需求，常常只是表象，就像冰山一樣，真正的問題都藏在水面下。做為專業講師，我的工作不只是「教課」，更重要的是要能看透表象，找出客戶真正的痛點，只有這樣，才能從「賣課程」提升到「提供解決方案」的層次，也才能真正為客戶「創造價值」。

同樣的邏輯，也可以應用在不同的領域中。有一次，我在課堂上認識了中興保全科技集團（簡稱中保科技）的處長，聊天時才發現原來中保科技早就不是我們印象中只做社區大樓跟店面保全的公司，他們現在已經跨足到防災、節能、照護，甚至是整個社區的智慧營運，可以說深入我們生活的各個層面。

聊到這裡，我突然想到一個有趣的問題：「到底中保科技的客戶真正在乎的是什麼？」表面上看來，客戶不就是要防竊嗎？但如果用馬斯洛的需求層次理論來分析，就會發現事情沒那麼簡單。最基本的當然是保護財產安全，讓生活能夠維持下去；再來是晚上睡得著、出門不用擔心的安全感。這些都是最容易理解，也是客戶最常掛在嘴邊的需求。

但真正厲害的銷售，是要能看到更深層的需求，特別是企業客戶，他們最怕的其實不是丟東西，而是丟掉商譽。想想看，如果一家半導體公司的晶圓廠被破壞，或是某間銀行發生竊案，他們的客戶還敢相信這家公司嗎？所以對企業來說，保全系統的價值根本就不只是防盜而已，重點是在保護企業的名聲。

講到這裡，你就會明白為什麼單純比價格是沒有意義的。真正的價值是在於「安心」，從最基本的財產保障，到心理上的安全感，一直到企業形象的維護，都包含在裡面。這也解釋了為什麼有些客戶寧願選貴一點的大公司，因為他們要的不是一個保全系統，而是一份全方位的保障。

總結來說，當客戶的需求不夠嚴重，或是我們沒有看清楚他們真正的痛點時，價格就會是最大的阻礙。但如果我們能夠深入挖掘客戶隱藏的需求，像是企業形象受損的風險、商譽崩塌的代價這些更嚴重的問題，自然就能找到銷售的切入點。當客戶開始思考這些潛在的風險時，自然就不會那麼在意價格了。

這才是銷售的本質：**不是去說服客戶你的產品有多好，而是讓他們看到，不用你的產品或服務會有多糟糕**。

在銷售的世界裡，有一個黃金法則：永遠不要只看表面需求。我喜歡用這句話來提醒自己：「我賣的不是A，而是B。」在下一章我會更深入說明。

讓我分享一個經典案例，有次我在逛特力屋時，看到一位太太站在工具區，盯著一台三千多元的鑽孔機遲遲不敢下手。她跟店員說：「我就只是想掛一幅畫而已，要花這麼多錢買工具嗎？」聽到這句話，我突然意識到一個關鍵：這位太太要的根本不是鑽孔機，而是「一個洞」，更準確地說，是「一個能在牆上掛東西的簡單方法」。

想想看，誰會真的想買一台鑽孔機？買回家還得面對一堆麻煩：先要花時間學怎麼用、擔心會不會把牆壁鑽壞，還要收拾滿地的粉塵，更別提這可能是一輩子只會用一、兩次的工具，剩下的時間都擺在收納櫃裡吃灰。

這就是為什麼3M的無痕掛鉤會如此成功。它抓住了消費者真正的需求：「我要的是一個簡單、可靠的掛物方案！」不用鑽洞、不會傷牆、人人都會用、用完還能輕鬆撕除，完美解決了消費者的所有困擾。

讓我們再重新梳理一次：當客戶說他們想買鑽孔機，背後可能是想要一個洞；當他們說想要一個洞，其實是在尋找一個方便的安裝方案。一旦能看透這層關係，你的銷售思維和方法自然就會徹底不同。

傾聽是理解需求的唯一方式

但是，要怎麼看透這層關係？說到底，要做好銷售，必須具備三個關鍵能力。

第一個是「聽懂問題的智慧」。我常跟我的學員說，客戶說的永遠只是冰山一角。比如客戶說「我們想幫主管上個課」時，背後可能隱藏著「公司正在轉型，但主管們帶不動團隊」的真實困境。你如果學會聽「弦外之音」，就能揪出那些沒說出口的真正需求。

第二個是「感同身受的同理心」。記得有位客戶跟我抱怨說，他們公司的銷售團隊績效不好，但當我深入了解後，發現這位主管其實剛上任不久，他最大的壓力不是業績沒達標，而是害怕自己會成為公司裁員的第一個目標。你要能看穿表象，體會客戶的焦慮和不安。

第三個是「解決方案的專業度」。這不是背產品型錄就夠了，而是要能把專業知識轉化成客戶聽得懂的方案。就像我之前幫寶雅做培訓，與其說我在教課，不如說我是在幫他們打造一個可以複製的企業文化。你的專業，要能轉換成客戶的問題解方。

我時常強調一個字：「陪」。這個「陪」不是請客吃飯、噓寒問暖而已，我經常對我的學員說：「不要老想著這個月要成交幾件，而是要想，**這個客戶未來三年**

會遇到什麼問題，你要怎麼『陪』他一起度過這些關卡？」

在《跟華爾街之狼學銷售》（*Way of the Wolf*）這本書中，就提到七個客戶心中的潛在問題，我簡化成下面七項重點：

第一個是「需求」。不過這個需求不是客戶講什麼你就信什麼。比如說老闆跟你抱怨「最近員工執行力差」，搞不好背後真正的問題是公司正在轉型，但是員工跟不上腳步。

第二個是「成見」。每個人多多少少都有一些特別在意的事，像有些老闆特別討厭業務每天打電話來煩他，有些人就是不相信線上服務。這些事情你先摸清楚，就不會不小心踩到地雷。

第三個是「過去經驗」。你要知道客戶之前是不是被別的業務坑過。常常聽到客戶說：「上次那個業務就是這樣騙我……」就要特別留意，因為這些經驗都會影響他的決定。

第四個是「價值觀」。有的人拚命想賺大錢，有的人就想要安安穩穩退休，有的人可能很想做公益，搞清楚他到底真正在乎什麼。

第五個是「經濟水準」。每個人對「夠用」的定義都不一樣。有人存款五百萬就很安心了，有人可能要存到五千萬才覺得夠，這個一定要搞清楚，不然提供的方案可能與客戶想要的落差太大。

第六個是「痛點」。每個人心裡都有一些放不下的事，像是老闆可能擔心客戶被競爭者搶走，或是爸媽可能煩惱小孩的教育費，盡可能找出這些讓他們晚上睡不著的問題。

第七個是「財務狀況」。就是要了解客戶大概有多少錢可以花、平常在做投資時習慣投入多少、現金流量如何，這些資訊能夠幫助我們制定建議方案。

最好是在聊天的過程中，自然而然讓客戶願意分享這些訊息，就像跟朋友聊天一樣，當你真的了解客戶的這些面向，自然就知道要怎麼幫他們，這才是一個專業業務應該要有的態度。其實，每個人都希望被理解，都希望有人能幫自己解決問題，當你做到這點，錢就會自己跑進你的口袋裡。

chapter 7
不是賣A，而是B：有形商品無形化，無形商品有形化

還記得我在安捷倫服務的那段日子，每天的工作就是銷售維修合約，聽起來簡單，但其實一點都不容易。客戶已經花了幾百萬元買儀器設備，還要說服他們每年再多付三萬多元買儀器保險，或是花兩萬多元做精準校正，要讓客戶願意掏這筆錢，真的需要一些功夫。

這份工作最大的挑戰不是價格本身，而是要讓客戶看見「貴」的理由。有一次，一位客戶看到報價單就皺眉頭說：「你們這個價格比外面的維修廠貴快一倍欸！」換作是以前的我，可能就會開始解釋我們的價格為什麼比較貴，但經過多年的經驗，我學會了一件事：**專業，是要讓客戶親眼看見**。於是我拿出一份資料，裡面全

是我們實驗室的實地照片，我特別指著其中一張照片說：「您有沒有注意到，我們的工程師每次進實驗室，都要換上這一整套的防靜電衣和特製的鞋子？」

看到客戶露出好奇的表情，我繼續說：「因為您的儀器裡面有一些電子零件對靜電非常敏感，隨便一個小小的靜電，就可能把幾十萬元的零件燒掉。這就是為什麼我們的工程師每次做維修，都要穿戴這麼完整的防護裝備。」

接著我又翻了幾頁，指著工程師們認真工作的照片說：「您看，這些都是我們平常工作的標準程序。每個工程師都穿戴專業配備，所有工具都經過特殊處理，這些設備和規範，都是為了確保您的儀器在維修過程中的安全。」

當客戶看到一塵不染的實驗室環境，他的態度完全改變，不再糾結於價格，反而開始問我：「那你們大概多久可以修好？保固範圍包含哪些項目？」最後他不只簽了合約，還跟我說：「難怪你們安捷倫的維修服務品質這麼好，原來背後有這麼多講究的地方。」

無形商品有形化：讓客戶眼見為憑

當客戶質疑價格的時候，與其解釋「為什麼貴」，不如讓他們看見「貴的理由」，**價值不是用嘴巴講的，而是要讓客戶親眼看見，這就是我所說的「無形商品有形化」**。維修服務本身是無形的，客戶看不見、摸不著，但透過照片中具體的細節：工程師的專業裝備、標準化的工作流程、嚴謹的品質控管，讓抽象的「專業」變得清晰可見。

你有沒有注意過，保險公司或銀行機構的總部大樓，總是蓋得特別氣派？那些挑高的大廳、光亮的大理石地板，可不是為了好看而已。因為保險賣的是一個承諾，也是一份長達二、三十年的保障，客戶有時候沒辦法馬上感受到保單的價值，他們需要藉由「看得見」的東西，來強化對產品的信任感。

管理顧問業也一樣，他們賣的其實就是一些看不著、摸不到的建議，但你看他們多講究，每次開會都要準備一疊厚厚的簡報，報告要印得漂漂亮亮的，最後還要辦個正式的發表會，這些都是在幫助客戶「看見」他們的價值。

如果賣的是無形的服務，就不能只是把服務做好而已，還要想辦法讓服務變得「看得見」。這個「看得見」的東西可以是：實體的空間設計，讓人一進來就有感覺；完整的服務流程，讓客戶感受到專業；有質感的文件設計，加深服務的印象；定期的回報，提醒客戶的收穫；又或者是提供具體的服務證明，比如證書或報告。

有形商品無形化：搞清楚情緒價值

Netflix 前一陣子有部戲劇「華燈初上」，講述一群酒店小姐的故事，揭開了不為人知的愛恨情仇。但戲劇歸戲劇，如果從商業層面來看這齣戲，你有沒有想過，為什麼一瓶威士忌市價兩、三千元，但酒店卻能賣到兩萬多元？為什麼消費者願意付這個價格？

因為他們根本不是在買酒，而是在買一種特別的體驗。在那樣的場合，他們找回了早已遺忘的戀愛感覺。想想看，結婚多年的男人可能已經很久沒有體會到被異性關注的感覺。在酒店裡，一位小姐專注的眼神、一次不經意的碰觸、一個會心的微笑，都能讓他們重溫年輕時的悸動，這些細微的互動看似簡單，卻能觸動人心底的渴望。

這種「我賣的不是A，而是B」的概念，在很多產業都看得到。星巴克不是在賣咖啡，而是在賣一個短暫的生活停歇點，在星巴克買咖啡的人，其實是在購買一個能讓自己暫時逃離工作壓力的空間，一個能夠坐下來，好好享受生活的場域；為什麼很多人寧願多花一倍的錢買 iPhone？因為 Apple 不是在賣手機，而是在賣生活品味和身分地位；補習班不是在賣課程，而是在賣升學的希望，家長願意花大錢送孩子去補習，真正買的是「我的孩子會有更好的未來」這個期待。

在汽車產業，這種「我賣的不是A，而是B」的概念更是明顯，我們來看看各種車款背後真正在賣什麼：

先說休旅車，你以為車商在賣一台七人座的車？其實他們賣的是「全家人的溫馨時光」。休旅車的廣告中，永遠都是爸爸開車，媽媽坐副駕，後座是孩子們，再後面是阿公、阿嬤。休旅車之所以要寬敞，不只是因為可以承載很多人，而是要創造一個「三代同堂，其樂融融」的場景。

再來看小型車，例如以前紅極一時的March，車商不是在賣一台省油的代步工具，而是賣一種「小資族存到第一桶金的成就感」。在廣告裡，開車的通常是穿著洋裝的年輕女生，音樂放著優雅浪漫的樂曲，透過意象暗示消費者：「你看，這就是你努力工作後應得的獎勵！」

豪華車就更有意思了，從車身設計到內裝配備都要顯得氣度非凡、雍容華貴，甚至有些第一次買豪車的車主還會故意選擇淺色隔熱紙，這樣才能讓別人看見車內的人是誰。這種車子賣的是一種「我是成功人士」的身分象徵。

至於現在最夯的油電車，表面上說是在賣省油的車款，但其實是在滿足消費者的環保意識。開油電車的人想要傳達的是：「我是一個關心地球、注重永續發展的人」，這個訴求在這個世代尤其有效。

以上例子，點出了「有形商品無形化」的精髓：**一個成功的商業模式，不在於你賣的產品是什麼，而在於你能提供什麼樣的感受**。要讓產品或服務更有價值，關鍵不在於實體產品本身，而是要能觸動人心中最深層的情感需求，但最重要的是，這些「有形化」的東西不能只是表面的包裝，而是要真正能夠展現你的專業，強化客戶的信任感。

無形的服務要讓客戶看得見，有形的產品要讓客戶感受到。在這個年代，能平衡這兩點，才是真正的高手。

chapter 8

提高利潤必學：搭售與綑綁五要素

你有沒有想過，為什麼一張一千兩百元的交通月票，能在上市一年內創造出八百三十二萬人次購買的銷售佳績？

二〇二三年七月，交通部推出了一張名為「TPASS」的交通月票，這張月票整合了幾乎所有你能想到的大眾運輸工具：公車、客運、台鐵、捷運、機場捷運、輕軌，甚至連自行車都包括在內。根據公路局統計，截至二〇二四年七月底，全國累計已有超過八百三十二萬人次購買，更創下約六・二億人次的搭乘紀錄。這個數字代表什麼？它告訴我們，一個好的產品包裝策略，能創造出多麼驚人的市場效應。

表面上看，這不過是把原本就存在的交通工具包裝成月票，但這個簡單的「包裝」背後，其實蘊含了巧妙的行銷智慧。想想看，一張月票如何說服消費者掏出比單程票更多的錢？為什麼要把這麼多種交通工具綁在一起賣？這些看似簡單的決策，背後都暗藏玄機。TPASS的成功並非偶然，它完美展現了我接下來要和大家分享的「搭售與綑綁五要素」：

1. **提升客單價** 讓消費者心甘情願一次付出更多。
2. **高階綁高階** 運用產品組合的加乘效應。
3. **創造新定位** 重新定義產品價值。
4. **建立相對價格** 建立有利的價格比較基準。
5. **主副產品搭配** 讓產品之間相互加值。

透過解析TPASS的成功案例，我們將一步步揭開這些行銷策略的奧祕，看看如何把這些原則運用在你的產品或服務上。

首先，最明顯的就是提升客單價。以前大家搭車，都是一趟一趟在算錢：搭捷運要二十元、公車要十五元、YouBike 騎超過三十分鐘又要另外付費，每一次掏錢都要想一下值不值得。但TPASS把這些零散的小額消費，直接包裝成一個月一千兩百元的套票，徹底改變了消費者的心理，從「要不要搭這一趟」變成「反正買了月票，多搭幾次比較划算」。

第二個是高階綁高階。TPASS不只包含一般的公車捷運，還特別把一些單價比較高的服務放進來，像是機場捷運、台鐵，甚至中長程客運，這種綑綁方式讓消費者感覺占到便宜。

更厲害的是，它為月票創造了新定位。TPASS不把自己定位成一張普通的月票，而是包裝成一種環保永續的生活態度、節能減碳的新生活思維，甚至它不只是在賣交通工具的使用權，更是在賣一種「想去哪就去哪」的自由感。

在價格策略上，TPASS也玩了一手漂亮的「相對價格」牌。「一個月一千兩百元」聽起來好像不便宜，但文案換個說法：「平均一天只要四十元，就能無限搭乘多種大眾運輸。」突然就變得很吸引人，這種相對價格的策略大大降低了消費者對價格的敏感度。

最後一個關鍵是主副產品的完美搭配。TPASS把主要的運輸工具（捷運、公車）和輔助性的運具（YouBike）做了很好的搭配。你可以搭捷運通勤，最後一哩路騎YouBike，如果要去比較遠的地方還能搭客運或台鐵。這種完整的配套不只提高了使用率，更為消費者打造出一個完整的交通解決方案。

回頭來看，TPASS把原本零散的交通工具服務，透過這五大策略，包裝成一個完整的月票方案。更重要的是，它徹底改變了消費者的思維模式：從斤斤計較每一趟車資，變成規劃怎麼搭車才最划算。

雖然TPASS的用意跟一般企業不同，一般企業講求的是提高利潤，而TPASS則是推廣公共運輸，但「搭售與綑綁五要素」的商業智慧如出一轍，可以適用在任何產業。關鍵在於，你是否能看見在現有產品中，套入這五要素並重新

圖表 5　搭售與綑綁五要素

價格概念	提升客單價、建立相對價格
產品概念	高階綁高階、創造新定位、主產品（好賣）＋副產品（搭配）

組合的可能性。

接下來，讓我們深入探討這五個要素：提升客單價、高階綁高階、創造新定位、建立相對價格，以及主副產品的搭配策略。真正理解這些原則後，你會發現：**銷售的藝術，遠比單純的買賣更加迷人**。

1 提升客單價

二〇〇〇年初期，那時我三十多歲，孩子還小，總愛跟爸媽要玩具。印象特別深刻的是 7-11 推出了轟動全台的 Hello Kitty 磁鐵促銷活動：只要消費滿七十七元，就能獲得一張磁鐵。

記得有一次帶著大兒子去 7-11，買了一瓶飲料和一包餅乾，差不多六十幾元。正要結帳時，收銀員笑咪咪地問我：「要不要再買一瓶養樂多，就可以送磁鐵喔！」你說，誰忍得住不多買一項商品呢？

這個看似簡單的活動，背後其實蘊含巧妙的心理學。首先，為什麼是七十七元？這個數字絕非隨機選擇。當時 7-11 的平均客單價只有五十幾元，意思是，大多數人進 7-11 買個飲料、餅乾，花個五十幾元就出來了，於是聰明的 7-11 行銷團隊特別設計了七十七元的消費門檻，比平均消費金額高一點點，但又不會讓人覺得太難達到。最重要的是，它創造了一個「湊整」的心理動機。

想想看，當你買了六十五元的商品，只差一點點就能集點，這時候誰不會想要多買個零食來湊數？這不只讓單次消費金額提高了，更厲害的是它吸引無數消費者為了集滿整套 Hello Kitty 磁鐵而不斷回頭消費。一次提升二十元的客單價，乘以數不清的回購次數，就創造出驚人的營收成長。

在整個過程中，7-11 沒有強迫任何人買東西，而是**巧妙創造一個讓消費者願意多花錢的理由，讓客戶心甘情願付出更多**。從這個案例，我們可以歸納出提升客單價的四個關鍵：

- **設定合理的消費門檻**　門檻要比平均消費稍高，但又不能高到讓人卻步。
- **提供有意義的誘因**　Hello Kitty 磁鐵不只是小孩玩具，也是大人、小孩都喜愛的收藏品。
- **創造持續性的購買動機**　完整的收藏組合讓消費者一次又一次回購。
- **讓消費過程變得有趣**　集點換贈品的過程本身就像個小遊戲。

想要提升客單價，不是單純把商品賣得更貴就可以達到，而是要讓消費者心甘情願多買一點。就像這個 Hello Kitty 活動，它不只提升了營收，更在消費者心中留下美好的回憶，這種讓人開心花錢的方式，就是提升客單價的高招。

2 高階綁高階

為什麼我們不會在五星級飯店的餐廳看到免洗筷？為什麼精品專櫃用的紙袋質感特別高級？如果你用直覺就能想出答案，那你一定也可以理解，為什麼高階商品一定要綁高階商品一起搭售——因為要讓商品有一致的格調，否則就會破壞整體檔次。

例如，某家高級餐廳的威靈頓牛排很出名，一份賣兩千元，這時候如果搭配的甜點卻是個只要價三十元的雞蛋糕，一定會讓人感覺奇怪。即使雞蛋糕再好吃，但放在這間餐廳裡跟頂級的牛排搭配，就會讓整體用餐體驗大打折扣，也拉低了牛排本身的價值。

好的搭售不是為了提高售價，而是為了提升價值。當你用高階綁高階時，一加一才可能會大於二；但如果用低階配高階，可能連一加一等於二都達不到，還有可能造成品牌價值被稀釋，與其用低價產品來搭售，不如想辦法創造更多價值，像是提供更好的服務體驗、加入獨特的客製化選項、提升包裝的精緻度、增加使用的便利性等。

台北文華東方酒店就曾找 Diptyque 香氛品牌合作推出聯名下午茶，這個搭配看似意外，卻有著深層的品牌連結。Diptyque 不只是一個香氛品牌，更代表著法式生活美學；而文華東方的下午茶，也不只是茶點，更是一種優雅生活的體現，兩者搭配在一起，不僅各自為自己加分，也互相提升價值。

高階綁高階的精髓，有四個重點：

- **維持品牌的一致性** 不能為了短期利益而破壞品牌形象。
- **創造加乘效果** 讓商品的組合產生更大的價值。
- **提升整體定位** 不是被低階產品拉低水準。
- **鞏固市場地位** 建立長期的品牌價值。

所以，當我們在思考品牌合作時，不應該問「這樣搭配會不會太貴？」而是要問「這樣的搭配能不能為品牌創造新價值？」**好的合作，應該要能同時提升雙方的品牌價值**，讓消費者感到驚喜，也願意買單這個獨特的體驗。

3 創造新定位

還記得我年輕的時候，當時的小夫妻如果買房置產，在添購客廳家電時，電視和音響通常是獨立且分開的兩項產品，要看電影的買電視，要聽音樂的買音響，很少會把這兩項家電視為相關產品。直到有一天，Sony 推出了一個新的概念，不僅把電視和音響綁在一起賣，還重新包裝成「家庭劇院」的形式來販售。這個改變徹底顛覆了消費者的思維，突然間，我們不再只是單買電視或音響，而是在打造自己的「私人電影院」——當你躺在沙發上，環繞音效讓你彷彿置身電影院，這種感受跟單純看電視完全不同，也讓電視和音響這兩樣產品完美結合在一起。

這種重新定位的創意，其實充斥在我們的日常生活中。現在誰去麥當勞還會用單點的方式點餐？「一個大麥克、一包薯條、再幫我加一杯可樂」，這種點餐方式聽起來多奇怪。當我們把漢堡和薯條單純擺在一起賣，那就是個「A＋B＝A＋B」的組合，沒什麼特別的意義；但當你把它們加在一起，並且重新定位為「超值全餐」，或是更大份量的「快樂分享餐」，那就是為餐點創造出「A＋B＝C」的新組合、新價值，這才是成功的搭售。

我在二〇二四年的上半年，曾規劃一場特別的活動，邀請近年來最火紅的五位暢銷作家：楊斯棓、謝文憲（不好意思，就是我自己）、吳家德、張瀞仁、愛瑞克，一起舉辦一場別出心裁的說書分享會，我們不像一般的分享會，只是單純分享自己的書，而是分享「對方的書」。楊斯棓說張瀞仁的《不假裝，也能閃閃發光》、張瀞仁說我的《極限賽局》、愛瑞克說吳家德的《生活是一場熱情的遊戲》、吳家德說楊斯棓的《要有一個人》，而我則是說愛瑞克的《內在成就》。

但這樣還不夠，我當時絞盡腦汁，想要為我們五個人創造出一個搭售的「新定位」，最終把活動定位成「斯文的人客——楊斯棓、謝文憲、吳家德、張瀞仁、愛瑞克」，文案也故意這樣寫「歌壇五月天，門票秒殺；書市五月天，一樣精采」。結果當天門票很快就搶購一空，成功將一場說書分享會提升到新的層次。

有人可能會說，這不過就是包裝技巧而已，但我不這麼認為，要能創造出新定位，必須要懂得觸動人心。就像 Sony 不只是在賣電視和音響的組合，而是賣「在家就能擁有劇院般的享受」；麥當勞不只是在賣漢堡薯條，而是在賣「方便快速又全家開心的用餐體驗」；「斯文的人客」不只是賣說書內容，而是在賣喜愛閱讀的人共聚一堂產生的共鳴與交流。

創造新定位的精髓有三個重點：

- **超越功能，創造體驗**　不能只把產品簡單組合在一起。
- **觸動情感，連結生活**　新定位要能打動消費者的心。
- **解決問題，創造價值**　不只是改變表面的包裝。

當我們在思考產品定位時，不要問「這樣組合會不會太複雜？」而是要問「這樣的定位能不能創造全新的價值？」無法解決問題、創造價值的，就只是多餘的包裝，禁不起消費者的檢驗。因此，所謂的定位，不只是你想要的位置，更是你願意放棄的選擇。

好的定位，應該要能徹底改變消費者的使用體驗，讓他們感受到驚喜，也願意為這個嶄新的體驗買單。

4 建立相對價格

如果告訴你，同樣的葡萄，加州人覺得貴，紐約人卻覺得划算，你相信嗎？圖表6是加州和紐約州葡萄的價格：在加州，一串高價葡萄賣三美元，低價的葡萄賣一美元；但當這些葡萄運到紐約，要加上一美元的運費，所以高價的變四美元，低價的變兩美元。有趣的是，明明高價葡萄在產地加州比較便宜，但加州當地人卻更

圖表 6　加州葡萄與紐約葡萄的相對價格

價格＼地區	加州（產地）	運費	紐約
低價葡萄價格	1 美元	1 美元	2 美元
高價葡萄價格	3 美元		4 美元
相對價格	3 倍		2 倍

愛買低價的葡萄，反而是紐約人卻愛買貴的。為什麼？

這就是相對價格的魔力。在加州，高價葡萄是低價葡萄的三倍價格（三美元比一美元），但在紐約，卻只要兩倍（四美元比二美元）。對紐約人來說，「多花一倍錢就能吃到更好葡萄」聽起來很合理，但加州人卻要「多花兩倍錢」，就覺得太貴了。

這件事告訴我們，絕對數字不是影響我們對價格的判斷因素，反而是跟別的東西相比後產生的「相對數字」，才是影響最大的關鍵。

你有沒有注意過一個有趣的現象：遠道而來的旅客，往往特別捨得花錢？這就是為什麼外地遊客通常會選擇住比較好的飯店；看演唱會時，外縣市的歌迷常常願意買比較貴的座位。這背後都是價格心理學：當你已經花了一筆大額的交通費，其他花費就顯得「相對不貴」了。

這個現象在生活中其實處處可見，看看那些有幼兒要照顧的父母，當他們好不容易請到保母，獲得珍貴的兩人時光，要他們多花一點錢享用米其林餐廳、或是到摩天大樓看夜景，看似奢侈，但跟更為珍稀的自由相比，這樣的價格忽然就變得不貴了，反而成為對自己的犒賞。

重點不在於改變價格本身，而是改變比較的基準。當你幫客戶轉換參考點，原本看似高不可攀的價格，就有機會變得很合理。這些案例告訴我們，搭售策略的關鍵不在於產品組合本身多便宜，而是要善用相對價格建立有利的比較基準。當客戶感受到「相對划算」，購買意願自然就會提高。而一個好的搭售組合，往往讓消費者感覺「不買對不起自己」，這正是相對價格的魔力。

建立相對價格的精髓有三個重點：

- **轉換比較基準**　不要只讓客戶看到價格本身。

• **找出更大支出** 讓目標價格相形之下變得合理。

• **創造合理邏輯** 消費決策變得理所當然。

當我們在思考定價策略時，不該問「這個價格會不會太貴？」而是要問「怎麼幫客戶找到對的比較基準？」好的相對價格，應該要能改變客戶的價格觀點，讓他不再執著於金額，而是看見並願意買單真正的價值。

5 主副產品搭配

「這個週年慶專櫃套組八折耶！裡面有我一直想買的精華液，而且還送化妝包、試用包，感覺很划算！」每到百貨週年慶，你一定聽過這樣的對話。但事實上，這就是以搭售提升利潤的第五招——好賣的主產品與相對不好賣的副產品，打包起來一起賣！

行銷人員早就設計好，將賣得最好的明星商品如精華液放進套組當主角，讓消費者一眼心動，接著塞一些比較不好賣的產品，像是頸霜、保濕噴霧、面膜，再加一個化妝包，一起包進套組裡。最後再做個折扣，比如精華液原價三千元，搭配一千五百元的面膜、八百元的化妝包，最後告訴客人：「這個套組原價五千三百元，週年慶特價只要三千六百元喔！等於是六八折呢！」

聽起來雖然很划算，但消費者原本可能只想買三千元的精華液，根本不需要面膜和化妝包，卻因為套組打折，感覺好像撿到便宜，不自覺就一起買單了。

主副產品搭售的關鍵思維：用主產品創造購買動機，再用價格落差製造合理感，最後再透過綑綁製造便利性、降低決策門檻。不是強迫客戶多買，而是**在對的時機，用對的理由，綑綁對的商品**。

二〇二三年出版《極限賽局》後，我就採取了將我的主產品「演講／企業內訓」搭售我的副產品「書籍」的綑綁模式。還記得某次在金控機構演講，我報了兩種價格：第一種是只有純演講，第二種是演講外加一百五十本書，我故意讓第二種的價格比較優惠，引導企業買演講也買書。有趣的是，當天聽眾人數遠超過一百五十位，書根本不夠發，演講結束後那些沒拿到書的人，還另外發起團購，意外為我的書創造更多銷量。

雖然在這個例子，書籍和演講表面上看是兩個不同的產品，但實際上是一個完整的價值主張：演講創造影響力，讓更多人想要買書；書籍建立專業度，讓我觸及到不同領域的人，創造更多演講機會。兩者相輔相成，不僅帶來了收入，更建立起一個可持續發展的事業模式，這就是主副產品搭配的精妙之處。

主副產品搭配的精髓有四個重點：

- **提升主產品價值**　副產品要有強化主產品的效用。
- **主產品帶動副產品**　讓客戶習慣並依賴這種搭配。
- **創造持續性收入**　讓主副產品形成一個系統。
- **差異化定價策略**　可以犧牲一點利潤，但帶動整體客單價。

就像是把一位家喻戶曉的明星和一位新人演員放在同一部電影裡，明星能吸引觀眾進戲院，新人演員則有機會被更多人看見。這個策略不是騙局，而是一種商業智慧：用主產品帶動副產品，創造雙贏的局面。

讓客戶心甘情願掏腰包的完美組合

讓我們回顧這五大要素，並且思考它們如何協同運作，創造最大的商業價值。

第一招「提升客單價」，教會我們價格的藝術。7-11 不是直接告訴客人「多買一點」，而是設下精心計算的七十七元門檻，這個看似隨意的數字，其實暗藏了無數消費者行為研究的智慧。它高於平均消費金額，但又讓人覺得「再買一點就好」，完美詮釋了「不是強迫客戶，而是創造理由」的精神。

第二招「高階綁高階」，可以簡單想像為時尚搭配的學問。就像我們不太會一手拎著柏金包，卻穿著鬆垮領口的衣服出門，因為柏金包再怎麼高級，都不會讓鬆掉的衣服變得高級，反而會拉低柏金包的格調。因此當我們選擇搭售產品時，一定要盡可能讓兩者品味或階級不要差得太遠，最好是能相得益彰。

第三招「創造新定位」，用一句話來詮釋就是：「A＋B不能等於A＋B，而要變成全新的C。」就像Sony不是在賣電視加音響，而是打造「家庭劇院」的嶄新體驗。試著找出搭售產品間的連結性，創造一個全新的使用情境或概念，讓這套搭售既合理又能創造更多價值與利潤。

第四招「建立相對價格」，則是在於改變客戶評估產品時的比較基準。正如同遠道而來的旅客通常願意住更好的飯店，因為他們已經花了幾萬元的機票，多一千元提升住宿品質就變得理所當然，也可以在搭售產品時增加一個價格阻力較小的加購組合，讓客戶感覺很優惠。

最後的「主副產品搭配」策略，是善用已經帶有流量的熱銷產品，讓那些原本只打算買主力產品的客戶，在不知不覺中買下更多比較難推銷的產品。但要記住，好的搭售不是硬把兩個產品綁在一起，還是需要讓它們之間有連結，就像我的書籍為演講增添深度，演講又為書籍注入生命力，創造出遠超過一加一的價值。

這五個要素看似各自獨立，實則環環相扣，真正理解它們的精髓，就會發現：

- 提升客單價是水到渠成的結果，而不是強迫的目標。
- 高階綁高階是品牌的自我修養，而不是身分的炫耀。
- 創造新定位是價值的昇華，而不是表面的包裝。
- 建立相對價格是視角的轉換，而不是數字的計算。
- 主副產品搭配是策略的交響，而不是簡單的加總。

總結而言，**成功的搭售與綑綁不在於綁了什麼產品，而在於你為客戶創造了什麼價值**。在務實層面上，可以為客戶提供一個划算又便利的選項；在奢華層面，更可以幫助客戶實現心中願景、或是更接近理想的自我形象。將這五個要素完美配合，你就能設計出讓客戶心甘情願買單的完美組合。

chapter 9 選三哲學：讓人不自覺掉入情境

「今年公司的年度聚餐要怎麼安排？你今天下班前來跟我報告。」

想像一下你是一位祕書，老闆一大早把你叫進辦公室，丟給你一個看似簡單的任務，但其實你也可以善用銷售思維讓老闆印象深刻。一般的祕書可能沒想太多，回到座位上Google「部門聚餐　推薦」的關鍵字，找到最多人推薦的餐廳，便直接上報給老闆。但如果我們善用提案的技巧，會讓這個簡單的任務變成展現專業的舞台，甚至可以主動引導老闆選某一個我們希望他選擇的選項。

在深入討論做法之前，我們先來理解一個重要的行銷原理：「選三哲學」。研究發現，當人們面對選擇時，**三個選項往往是最理想的數量，如果選項太少會讓人**

覺得選擇受限，選項太多則容易造成決策疲勞。

例如，我們可以這樣回答：「老闆，考慮到我們部門剛達成十年來的重大目標，這次聚餐很有意義。我仔細評估了各種方案，建議您考慮以下三個選擇。」短短兩句話，已經傳達三件事：一是點出場合的重要性，二是展現充分準備的態度，三是暗示這是經過深思熟慮的建議。接著，我們就可以開始介紹三個精心設計的方案。

第一個，我們先介紹經典的上海菜餐廳：「這間上海菜是台北最好的餐廳之一，而且剛好有個二十人的包廂，適合我們十八個人聚餐，不過預算上稍微比較高一些。」這裡強調的是餐廳的經典頂級，是絕對不會出錯的選項。

第二個是我們自己最想推薦的牛排餐廳，可以這樣說：「這是我們的客戶王總特別推薦，部門也有不少同事都很喜歡，而且環境舒適，離公司也很近，我打了電話去問，現在還有團體訂餐的優惠，預算上最符合。」這裡善用了他人背書的技巧，同時又把便利性與預算都點出來，加強說服力。

第三個選擇是知名熱炒店：「如果想要比較輕鬆的氣氛，熱炒店也是不錯的選擇。價格實惠，氣氛熱鬧，適合同事們暢飲，不過沒有包廂，也會比較吵一點。」最後再搭配一個CP值最高的對照組，但這個選項可能有明顯的缺點，凸顯它為較不會被選擇的選項。

提案時有幾個重點：首先，每個選項都要有其價值，避免明顯的好壞對比；其次，主推方案要放在中間位置，看起來最平衡；最好還能給出明確的回覆時間：「老闆，餐廳那邊希望我們最晚下週一給他們答覆。」最後，要準備一份書面的詳細資料，讓老闆可以從容考慮。

聽完三個選項的介紹後，老闆最後不僅決定選在最想要吃的牛排餐廳舉辦聚餐，臨走前還大大稱讚了這次提案的品質，對你的能力刮目相看。

其實，銷售思維一個很大的功能，就是引導他人做出「你想要他們做的決定」。「選三哲學」之所以有效，正是因為它巧妙地運用了人類決策時的心理特性，提供選擇是一門藝術，當我們提供三個選項時，實際上是創造了一個決策框架：**高端選項為主推方案背書，提供品質保證；低端選項則確立底線，凸顯中間選項的合理**

性。這種提案策略不僅適用於商業場合，在日常生活中也處處可見。無論你是一位業務，希望客戶購買利潤最高的產品；或者你是一位家長，想要小孩減少打電動的時間，與其硬碰硬說服對方接受你的建議，不如透過提案的技巧讓對方在看似自由的選擇中，自然而然做出你期待的決定。

善用「極端性迴避」來設計價格

在上面的案例中，我們已經了解提案策略的重要性，接下來將說明怎麼設計提案選項。

首先，「價格」一定是最重要的關鍵。太貴，可能失去大量潛在客戶；太便宜，則可能損及品牌形象，或是過度壓縮利潤空間。但最讓人頭痛的，還是如何讓消費者願意接受你的定價。

這就要談到人類決策行為中一個有趣的現象：「極端性迴避」（Extremeness

Aversion）。簡單來說，假設有三種價位的商品，人們往往會本能地迴避最高價與最低價的選項，而偏好選擇中間價位的商品。這是因為中間選項看起來最平衡，而且能讓決策者感覺自己做出理性的選擇，既不過於奢侈，也不過於節儉。

理解並善用這個心理特性，合理安排高低價位的「陪襯商品」，就能設計出更有效的價格組合，自然地引導消費者選擇你最想銷售的主力商品。

以下提供三個情境，你可以想想看自己會更傾向選哪一個選項：

情境一：同事們下班後一起去吃飯，大夥一起來到燒肉店，菜單上的五花肉分三個等級：

- 頂級五花牛：九百九十九元
- 上選五花牛：五百九十九元
- 一般五花牛：三百三十九元

店員走過來問你要吃什麼，你會選哪一個？

情境二：你的大學同學轉行當保險業務員，他推薦你三個防癌保險方案：

- 頂級癌症險：月繳三千九百八十元
- 超級癌症險：月繳兩千六百九十元
- 一般癌症險：月繳一千五百一十元

你決定支持多年的老同學，但也不想隨便做決定，你會選哪一個？

情境三：你買了五年的國產車到了保養里程數需要更換機油，你問保養廠老闆有哪幾種機油可以選？

- A級機油：六百六十元／瓶
- B級機油：四百二十元／瓶
- C級機油：三百六十元／瓶

三種機油都能用，細節差異你也搞不太清楚，這時你會選哪一個？

根據我在課堂上多次統計結果發現，無論是哪一種情境，多數人都會選擇中間的選項。選「上選五花牛」，往往不是因為他們仔細比較過肉質差異，而是價格定位給予的心理暗示：既不會顯得太奢侈，也不會覺得太寒酸。而當保險業務員推薦三種癌症險方案時，「頂級癌症險」雖然很高級，但超出預算太多，如果選「一般癌症險」又覺得保障度不夠。最後的機油選擇，在專業知識有限的情況下，因為分不清楚差異，中間選項往往就成為了最安全的選擇。

我以前在信義房屋做銷售顧問時，就很常利用這種「極端性迴避」來設計看房路線。首先，我會先帶客戶看一間三千萬的小豪宅，挑高的客廳、進口高級建材、完善的公共設施、二十四小時飯店式管理，讓客戶充分體驗什麼是夢想中的生活。看完後，很多客戶會感嘆：「真的很棒，但價格實在太高了。」

這時，我會順勢帶他們看第二間房子，也就是我真正的目標，大約兩千萬的價位，相較於剛才的小豪宅，這間房子雖然規格沒那麼奢華，但空間規劃合理、社區管理完善、地段也不錯，重點是，價格只有上一間的三分之二。此時客戶會開始認真評估：「這個價位好像還滿合理的……」

最後，我會安排參觀一間一千兩百萬的房子。這間房子可能是位於舊社區、格局不太理想，或是地段相對偏僻，雖然價格更低，但一定會有一些明顯的缺點。看完這間房子，客戶往往會說：「還是剛才那間比較好。」

你猜最後結果如何？十個客戶至少有八個會自然而然傾向中間那個選項，這不是巧合，而是極端性迴避心理在發揮作用。高價豪宅建立了品質標竿，讓客戶知道什麼是「最好的」；低價房屋則設定了底線，讓客戶了解品質的妥協會帶來什麼問題。在這樣的對比下，中間價位的房子自然成為「最理性」的選擇。

更有趣的是，這種安排還能大幅縮短客戶的決策時間。如果直接看中間那間房子，客戶常常會覺得「再看看其他房子比較好」。但透過這樣三間的比較，客戶反而會更快、更有信心做出決定，因為他們認為自己已經充分了解市場的各種選項。

這種提案策略不只在價格上巧妙安排，更在於它給予客戶一個完整的市場認知框架，當客戶感覺充分了解市場，並在對比中找到最適合的選擇時，他們的決策信心自然會提高。但要成功運用這個策略，還需要注意幾個關鍵點：

第一，即使你有更多方案，也要控制展示給客戶的選項，最好就是三個，這能讓決策過程保持簡單清晰。我看過太多銷售人員把所有方案一次攤開，結果反而讓客戶陷入選擇困難。

其次，價格區間的設計必須合理。三個選項要有明顯的檔次差異，但差距不能太離譜。就像我們設計房屋參觀路線時，會精心安排價格梯度，讓中間的選項自然成為最理想的選擇。

第三，我們可以有意無意凸顯中間選項的價值。這不是簡單的價格定位，而是要讓中間方案在整體比較中顯得最合理。**高端選項展現品質追求，低端選項提供基本滿足，而中間選項則是最佳平衡點**。

最後，也是最重要的，我們要在整個過程中展現專業，讓客戶感受到你的用心和專業考量，幫助他們在合適的選項中，找到最適合的方案。這就是「三選一」策略的精髓：不是限制，而是引導；不是操控，而是協助。當你真正理解這個原則，就可以讓客戶自然而然選擇你希望他們選擇的選項。

用不完美，成就完美選項

你玩過「1A2B」這個益智小遊戲嗎？

這是一種考驗邏輯推理能力的數字猜謎遊戲，遊戲規則很簡單：一方先在心中想一組四位數字（每個數字都不重複），另一方要來猜這組數字，每猜一次，出題的一方就要回答「幾A幾B」。A代表數字對、位置也對的個數；B則代表數字對但位置錯的個數。

例如：假設小明心中想的數字是「5234」，小華開始猜數字。

第一次，小華猜「1673」，小明回答：「0A1B」（只有「3」這個數字對了，但位置錯誤）。

第二次，小華猜「5319」，小明回答：「1A1B」（「5」位置和數字都對，

「3」數字對但位置錯）。

第三次，小華猜「7234」，小明回答：「3A0B」（「2、3、4」位置和數字都對）。

第四次，小華猜「5234」，小明回答：「4A0B」（全部數字和位置都對了）。

雖然這只是一個小遊戲，但如果把同樣的框架套用在設計提案上，就能轉化成全新的思維方式，幫助我們更有意識地安排三種方案。客戶的實際需求，就像是出題方的答案，我們提供的方案，就是我們猜測的數字，每一個方案，都會有擊中答案與沒擊中的部分，A代表完全符合需求，B代表接近但有些微差異，以下我們就透過情境來解釋。

想像一下你是一位房仲，某天早上接到電話，電話那頭是你的老同學王小姐，簡單寒暄之後，她跟你說這通電話的真正用意：「我們家小孩明年要上國中了，想趁這個機會換個房子。」她也很明確地告訴你她的考量：

1. 想換到金華國中的學區。
2. 預算大概兩千萬上下。
3. 希望不要在大馬路旁邊，最好是在靜巷。
4. 喜歡新一點的房子，最好是二十年內。

經過幾天的市場搜尋，你找到不少適合的物件，現在，我們要再將這些物件做篩選分類，精選出「主推方案」、「新方案」與「對照方案」三個方案，並依序提案（但仍建議依照現場狀況彈性評估提案順序）：

●主推方案

首先講主推方案，很多人以為主推方案要完美符合客戶需求（4A0B），這反而是個誤區，有時太過完美的方案，反而不容易取信於客戶。因此，我們可以選一間位在學區邊緣的中古大樓，正好符合客戶的預算和需求，但缺點是這間房子位於小馬路旁，不是完全的靜巷，且一樓是間便利商店。開價一千九百八十萬元，性價比很高。評分為「3A1B」。

完全符合（A）：

- 位於學區內
- 二十年內的房齡
- 預算符合

接近需求（B）：

- 小馬路旁（不是完全的靜巷）

在帶看房子時，你可以故意針對這個「無傷大雅的小缺點」來增加可信度：「這個學區的房價平均都比較高，但因為這一間房子樓下是便利商店的關係，所以便宜了五十萬。」這時客戶反而會心想，「沒錯，沒有完美的房子。」**有時太完美反而**

令人起疑，有個小缺點還可能讓客戶覺得自己撿到便宜。

● 新方案

第二個是新方案。新，可以是全新的產品，但也可以是有新的賣點或特色。比如說我們可以安排一個「智慧住宅」的新建案，有創新的社區管理模式和智慧家電配備，從大門進出到居家系統都可以用手機控制，連防疫消毒都考慮進去了。不過價格要兩千五百萬元，比預算高出一些。評分為「2A2B」。

完全符合（A）：

・二十年內的房齡（全新建案）

・雖在學區但可能位置較遠

接近需求（B）：

・預算超出較多（兩千五百萬）

・小馬路旁（不是完全的靜巷）

新方案的價格不一定會比較高，有時也可能比主推案還要便宜。用明星來對照就很好理解：如果公司尾牙要安排藝人，我們的主推方案可能是劉德華，無論是名氣、話題、可看性都十足，但可能需要很高的價錢才請得到。這時可以反過來利用新方案來增加選擇性，例如找許光漢，雖然不是天王等級，但卻是新生代的偶像，價格也不會高到太過離譜，這時的新方案就很容易脫穎而出。

●對照方案

最後是對照方案，很多人誤以為對照方案是要一個明顯較差的選項，這想法大錯特錯。**對照方案也要有其價值和特色，否則就失去了專業度**。因此，我們可以挑選一間位在傳統市場附近的舊公寓，有著吸引人的一千六百八十萬元實惠價格，雖然在比較老舊的社區，但生活機能相當完整，適合注重便利性的買家，缺點是傳統市場較為髒亂吵鬧，且距離捷運站較遠。評分為「1A3B」。

完全符合（A）：

・預算較低（一千六百八十萬，價格優勢）

接近需求（B）：

・屋齡老舊

・位於市場巷弄內

・雖在學區但附近並無捷運站

在實際運用時，要特別注意保持不同方案的可選性，讓每個方案都要有其價值，不能有「白癡才會選」的選項，否則你就容易錯失那些真的有預算考量的客戶，也會影響他們對你的專業評價。其次，方案之間在內容、服務或價格上最好要有明確但合理的區隔，並且誠實說明適當的「缺點」反而能增加可信度。

如果應用在一般的工作場景，假設你是一名行銷專員，要向主管提出下季的行銷企劃。依照「三方案」的邏輯，可以這樣設計你的提案：

●主推方案

首先是主推的「社群影音行銷計畫」，預算控制在九十五萬元以內，預期可達成三〇％的業績成長目標，時程也完全符合主管期待。這個方案唯一的小缺點，是需要增加一位社群小編，但正是這個「無傷大雅的缺點」，反而讓整個提案更顯務實。評分為「3A1B」。

完全符合（A）：

- 預算控制在一百萬元內（規劃九十五萬元）
- 預期可達成主管要求的三〇％業績成長
- 執行時程符合下季需求

接近需求（B）：

・需要增加一位社群小編（人力需求的小缺點）

在提案時，你可以這樣說明這個「無傷大雅的小缺點」：「這個計畫的ROI（Return on Investment，投資報酬率）預估很理想，投入九十五萬可望帶來三百五十萬的業績成長。不過因為我們現有的同仁都很忙碌，建議增加一位社群小編，月薪約三萬五千元。雖然會增加人事成本，但反而讓整個專案的執行更有保障。」

這種坦然承認需要增加人力的做法，反而顯得誠懇務實。主管可能會想：「嗯，確實現在同仁都很忙，他有考慮到執行面的問題。」這個小缺點不但沒有破壞提案的可行性，反而增加了提案的可信度。

● 新方案

接著是展現前瞻性的新方案「AI生成內容整合計畫」。這個方案最吸睛的地方，在於運用最新的ＡＩ技術來提升內容產出效率。雖然預算要增加到一百二十萬元，團隊也需要時間學習新技術，但它代表的是未來的趨勢，長期成本攤提下來也最為便宜。評分為「２Ａ２Ｂ」。

完全符合（Ａ）：

- 可達成主管要求的三〇％業績成長
- 執行時程符合下季需求

接近需求（Ｂ）：

- 預算需求一百二十萬元（超出原預算二〇％）
- 需要團隊學習新技術（執行時程可能較不穩定）

在提案時，可以這樣包裝這個充滿未來感的方案：「這是一個結合ＡＩ技術的創新行銷方案。我們將導入最新的ＡＩ內容生成工具，不只能大幅提升內容產出效率，更能透過數據分析精準觸及目標客群。雖然前期投入成本較高，但長期來看能節省至少四〇%的內容製作成本。」

● 對照方案

最後，再準備一個基礎的「傳統數位行銷方案」。這個方案只需要七十五萬元預算，主要運用 Google 廣告、Facebook 投放等團隊十分熟悉的方法。雖然預期業績成長只有二〇%，執行時程也較長，但它的存在提供了一個重要的比較基準：如果環境真的不好，至少還有一個最保守的選擇。評分為「1A2B」。

完全符合（A）：

・預算只需七十五萬元（遠低於原預算）

接近需求（B）：

・預期業績成長二〇%（略低於目標）

・執行時程較長（需要四至六個月才能見效）

提案說明可以這麼設計：「這是一個穩紮穩打的基礎方案，延續我們過去成功的經驗。主要投資在搜尋引擎廣告和 Facebook 廣告投放，這些都是我們團隊最熟悉的領域。雖然預期效益比較保守，但執行風險最低，也最好掌控。」

比較基準，從價格轉為價值

這三個方案，一個是展現了當前最佳平衡的主推方案，一個是指向未來可能性的創新方案，另一個是腳踏實地的基礎方案，透過這樣的提案策略，讓整個銷售過程從「說服」轉變為「協助決策」，還能巧妙避開直接談判價格，因為**當人面對三個不同定位的方案時，比較的基準將從單一的價格轉變為整體的價值**，討論的重點也就自然轉向「哪個方案最適合」，而不是「這個價格能不能更低」。

同時，這種設計也讓你在銷售過程中更有彈性。如果客戶對主推方案興趣缺缺，你還有其他選擇；如果客戶表現出躊躇，你也能在三個方案之間靈活轉換，創造進可攻、退可守的談判空間。更重要的是，完整的三方案規劃展現出專業態度，客戶會覺得你不是強硬地推銷，而是真心地幫他尋找最適合的解決方案，往往能建立更深厚的信任關係。

最後，別小看那個看似最基本的對照方案，正是因為有了「基本款」的存在，才能襯托出其他方案的價值。有時候，客戶需要看到「最基本的選擇」，才能安心選擇更好的方案。

「三選一」的提案策略在職場上處處受用，無論是跟主管提預算、規劃專案時程，還是申請部門資源，都可以運用這樣的策略來強化你的說服力。

chapter 10

行為經濟學：十二個影響客戶決策的實戰心法

正如我在第四章中提到，人的決策模式遠比我們想像得更加複雜。諾貝爾經濟學獎得主康納曼提出的「系統一」（直覺思維）和「系統二」（理性分析）理論，完美解釋了為何我們的消費行為常常充滿矛盾：明知不需要卻無法克制地衝動購買、在限時促銷時買超過原本的預算，甚至在面對高價商品時反而提升購買慾望，這些看似不合邏輯的行為背後，都隱藏著深刻的行為經濟學原理。

因此，我們很常發現最會賣東西的人，往往未必是產品知識最豐富的人，但肯定是最了解人性的人。他們懂得運用行為經濟學的原理，在最適當的時機，用最恰當的方式，觸動人們內心深處的按鈕，並做出相應的行動。

我萃取了十二個最關鍵的行為經濟學原理，幫助我們解讀人類行為模式、優化銷售策略，進一步提高銷售的成功率與利潤。無論你是第一線銷售人員，還是想要更理解自己和他人的普通上班族，這些原理都能給你意想不到的啟發。

1 分割：降低客戶的心理負擔

為什麼賭場裡的聰明人，都會先把大鈔換成小鈔？有個有趣的研究是這樣的：研究人員讓兩群人去賭場，第一群人每人拿著一張百元美鈔，第二群人則拿著十個信封，每個信封裡裝一張十元美鈔。結果發現，那些拿著小鈔的人，通常能帶著四張鈔票平安回家；反觀那些拿著大鈔的人，押注更大，很快就輸光本金。這個簡單的研究說明了，當我們面對被分割成小單位的東西時，比較容易控制自己。

走進美式量販店好市多（Costco），你一定看過那些超大包的零食，光是看著就讓人心動，但你可能又開始想，這麼大一包，要吃到什麼時候？放著會不會壞掉？我現在要飲食控制，可以吃這麼多嗎？這些罪惡感讓很多人最終選擇忍痛放下手裡的零食。而零食製造商們很快發現了這點，開始推出分割小包裝，讓「一大包洋芋片」變成「小包洋芋片的組合包」，這個簡單的改變帶來驚人的效果：消費者不再有罪惡感，反而因為能掌控食用量而更願意購買。一樣的零食，只是包裝方式不同，就能帶來完全不同的消費體驗。

不過，分割策略也不是萬能的。想像一下，如果健身房改成每分鐘收費一元，你還敢在跑步機上盡情奔跑嗎？或者手機費如果改成每天三十九元，聽起來似乎很便宜，但算一算反而比月繳六百元還要貴，你可能也不想這樣付費。

有時候，把費用分割會讓消費者更加敏感，甚至影響使用體驗。這就告訴我們，分割策略需要靈活運用，在設計產品定價或包裝策略時，關鍵不在於「要不要分割」，而是要思考：**分割是在幫助客戶更輕鬆地享受產品，還是反而帶給他們額外的壓力？**成功的分割策略要讓消費者感覺「我可以輕鬆控制」，而不是「我需要不斷控制」。這個微妙但重要的差別，決定了策略的成敗。

實戰應用

一家精緻手工餅乾店，主打高級伴手禮市場。他們的主力商品是一個精美禮盒，內含四種特色口味，每種六片，定價五百九十九元。儘管產品品質精良，但銷售成績一直不盡理想。

仔細觀察購物行為就會發現一個有趣現象：許多客戶會在展示櫃前駐足許久，露出躍躍欲試的表情，最終卻沒有購買。如果我們深入了解客戶心理，會發現兩個主要顧慮：一是擔心一次買太多吃不完，二是想先確認產品是否符合期待。

這時，巧妙的分割策略就能派上用場。假設這家店推出「單片嘗鮮專案」：將原本的大禮盒拆分，以三十五元單片價格銷售，還推出「任選四片就送精美包裝」的一百四十元小禮盒組合。表面上看，單片均價從原本的二十五元提高到三十五元，但銷售成效卻大大提升。

這個策略可能帶來三個層次的效益：降低試吃門檻，讓客戶更願意嘗試；創造客製化的樂趣，可以自由搭配口味；透過小禮盒測試實證，提升大禮盒的銷售信心，客單價不減反增。有趣的是，當客戶知道大禮盒比較划算時，買大禮盒的意願反而提高了，因為他們已經親身體驗過產品。

這個案例告訴我們，分割策略的精髓不在於降價，而在於創造更靈活的消費選擇。透過巧妙的價格設計，不只能降低客戶的嘗試門檻，還能刺激更多的消費可能。有時候，把產品切小賣，反而能帶來更大的商機。

2 付錢痛苦：先付、後付差很多

說到付錢，我分享一個最基本的道理：付錢永遠是痛苦的。為什麼？因為你的目標是要拿到那個東西，付錢只是必要之惡。根據研究顯示，人在捨棄事物時會活化大腦處理痛覺的區塊，花錢也是同樣道理，而且金額愈大，這股刺激感就愈強。

既然付錢是痛苦的，我們就要好好思考「什麼時候付」這個問題。你可以想：現在付的好處是什麼？缺點是什麼？以後付的優缺點又分別是什麼？銷售的工作，就是把客戶付錢的痛苦降到最低，因此付錢的方式跟時間是密不可分、需要互相考量的兩個變數。

有時候不是你的產品不好，而是你要求客戶付錢的時間點不對。舉個例子，過年前你要客戶付錢，他可能會想：「我辦年貨已經需要很多錢了，你現在又要我付錢，這是怎樣？」

記住，當你要一個人付錢的時候，他一定會感到痛苦，這時可以藉由調整付款時間和方式來緩和。比如說上網吃到飽，月初付一次錢，除了第一天痛苦以外，後面整個月都可以享受無限上網的樂趣而不必擔心費用。再比如傳統計程車與 Uber 的差異，乘坐計程車時，車上的跳表機不管費率是多少，看著「五塊、五塊、五塊」一直跳，乘客會感到錢一直在消失，每跳一次就多一份痛苦。而 Uber 雖然也是按距離和時間計費，但乘客在上車前就已經知道了預估價格，且結束行程後自動從信用卡扣款，整個過程不會看到金錢時時在流失，因此感覺較不痛苦。這就是為什麼許多人心理上更偏好使用 Uber 而非傳統計程車的原因之一。

這個原理其實在我們生活中處處可見。想想看現在的停車場收費方式：一小時六十元，但停超過四小時就固定收三百五十元。這個設計背後的邏輯很有意思，當你以分鐘或小時計費時，消費者會緊張兮兮地盯著時間，深怕多停一分鐘就要多付錢；一旦改成固定收費，人們反而放鬆了，會想：「既然都付了，那就慢慢逛吧！」

付錢的方式大致可分為兩種：一次付完，痛一次但後面就爽；或是分期付款，每個月付一點，但要多繳利息，而且每個月都會感覺被戳一下。這完全看個人習慣，有些人更喜歡手上有現金的餘裕感，可能會選擇分期付款；有些人則更喜歡一次付清，像我就是，如果現金足夠，買房子時一定會選擇一次付清，不想讓銀行賺利息。

付款策略的效果因人而異，主要取決於消費者對金錢的敏感度。對一個月薪五萬的上班族來說，停車費六十元可能不算什麼；但對一個大學生而言，這可能就是將近一頓午餐的錢。所以聰明的商家會根據目標客群來設計付款方式：高消費族群就主打一次付清、全包式服務；對價格敏感的族群，則提供更靈活的付款選擇。

付錢的時間與方式會決定消費者的滿意程度，這些都是在操作「付錢痛苦」的銷售思維，沒有標準答案，只要理解這個概念就可以靈活運用了。

●實戰應用

想像你經營一間精緻燒肉店，每位客人平均消費約一千兩百元。你推出了一個特別方案：「限時優惠，購買一萬元現金券，立即送兩千四百元抵用額度！現金券無使用期限，可分次使用」。表面上看起來就是一般的優惠活動，但其中卻蘊含了消費心理學。

這個方案首先巧妙地轉移了「付錢痛苦」的時間點。消費者雖然第一次需要一次付出一萬元，但這個痛苦只有一次。之後每次來用餐，都不需要再經歷付錢的痛苦，反而能享受「這頓飯不用錢」的愉悅感。這種「已經付過錢」的心理，會讓消費者更願意常常來店裡用餐。

更妙的是，兩千四百元的贈送金額帶來的不只是折扣，更是一種「賺到」的感覺。這相當於兩客免費的餐點，比單純打折更能讓人感受到實質的優惠。而且因為現金券沒有使用期限，消費者不會有使用上的壓力，反而更容易決定購買。

這種設計帶來的後續效益也很驚人。因為消費者已經先投入一筆錢，自然會更頻繁地來店裡消費。而且因為是高檔餐廳，客人通常會邀朋友一起來，無形中幫餐廳帶來新的客源，甚至就算用餐金額超過現金券額度，消費者也更願意追加消費，因為心理上已經覺得占到很大的便宜。

這就是為什麼許多高單價的餐廳喜歡採用這種策略。與其讓客人每次用餐都經歷付款的痛苦，不如讓他們一次付清，後面都可以好好享受用餐。這不僅完美解決了「付錢痛苦」的問題，還為客人創造一種「我是精明消費者」的正面心理。

這樣的策略其實在很多行業都可以看到。比如健身房就特別喜歡賣年費會籍，而不是採用單次計費，因為一次付清的模式，反而會促使會員更常來運動。

3 框架效應：你的價值取決於你被放在哪裡

「告訴我你的朋友是誰，我就能告訴你你是什麼樣的人。」這句老話完美詮釋了行銷中的「框架效應」（Framing Effect）。如果我把一張五歲小孩畫的塗鴉放進金光閃閃的相框，掛在羅浮宮拍照，它看起來是不是瞬間變得不一樣了？這就是框架效應的魔力：**價值往往取決於被放在什麼樣的環境中**。

走在夜市，你一定看過有些攤販驕傲地掛著「賴清德總統的最愛！」紅布條，並放上大大的簽名合照，或是「綜藝玩很大節目特別推薦！」的布條。當然，你進去看不到任何名人，但這樣的框架已經在客戶心中種下了一個印象：「這家店一定不簡單！」

框架效應不只影響我們對事物的判斷，還改變我們看待同一件事的方式。比如說，一瓶牛奶如果標示「九〇%去脂」和「含一〇%脂肪」，雖然說的是同一件事，但消費者往往更喜歡前者。為什麼？因為「九〇%去脂」給人一種更健康的感覺，即使實際上完全一樣。

再舉個有趣的例子。當我們在介紹一位老師的成就時，說「連續十年獲得某某獎項」，聽起來就比「從二〇〇五年到二〇一五年獲得某某獎項」更有說服力。為什麼？因為「連續十年」這個說法，人們不會特別去問是哪十年；但如果你明確說出年份，反而會讓人想問：「那二〇一六年之後呢？」

在打造個人品牌時，框架效應更是無所不在。一個普通的電腦老師，如果在社群媒體上只發布他在五星級飯店授課的照片，漸漸的，人們就會把他跟高端培訓講師聯想在一起。一本書要選擇在哪家出版社出版、一場課程要在什麼場地舉辦，都是在精心設計自己的框架。

有個重要的提醒：框架效應雖然強大，卻不是萬能的。就像裝潢再華麗的餐廳，如果菜難吃，最後還是會被客戶發現。有些人很常在歐洲各地的美術館打卡，PO上社群，看起來很有文化，但私底下的言行舉止卻大相逕庭。框架效應可以幫助你快速建立形象，但長期來看，真正的實力才是關鍵。

在這個充斥各種行銷手法的時代，你的價值不只取決於你是誰，更取決於你選擇和誰站在一起，無論是個人還是品牌，都需要在合適的框架中展現價值。但最終，實力才是長久成功的基石。

實戰應用

小陳原本是一家小型軟體公司的後端工程師，工作了三年，可是職涯發展似乎遇到瓶頸。他的技術其實不錯，但在小公司的框架下，求職時常常被問：「你有大型專案的經驗嗎？」

他決定重新打造自己的專業形象。首先，他開始在 GitHub 上參與一些知名開源專案，雖然只是修改些小 bug 或改善文檔，但這讓他的名字開始出現在一些重要專案的貢獻者名單中。

接著，他開始參加各種技術社群活動。原本只是默默地坐在角落聽講，後來主動加入社群的線上討論，分享一些工作中解決問題的心得，雖然都是些小經驗，但因為切中要害，漸漸被其他開發者引用和轉發。

更巧妙的是，他善用了 LinkedIn 這個社群平台，不再只是列出自己的工作經歷，而是特別強調自己參與的開源專案，以及在技術社群的貢獻。他會分享一些技術文章，同時關注業界知名的技術主管與資深工程師。

他還做了一個聰明的決定：主動報名參加大型科技公司舉辦的技術工作坊，雖然要付費，但這些活動都會發證書。證書不僅代表他的技術能力，更重要的是把他的名字和這些大公司連結在一起。

半年後，開始有獵人頭主動找他談工作機會，面試時也不再被質疑經驗不足，收到的工作邀約薪資更提高了二〇%。最有意思的是，他的程式能力其實跟半年前差不多，改變的是他展示專業能力的方式。他不再只是一家小公司的工程師，而是變成了「參與開源社群的技術開發者」、「活躍於技術社群的資深工程師」。

這個案例告訴我們，**框架效應不是造假，而是把自己放在正確的環境中**。小陳沒有誇大自己的能力，他只是讓自己的專業在正確的地方被看見。對上班族來說，重點不是你現在在哪裡工作，而是你和什麼樣的專業社群產生連結，這些連結會重新定義你的身分。

當然，這個策略能成功，是因為他確實擁有技術能力，如果沒有實力，再好的框架都只是曇花一現。這提醒我們：框架效應能幫你凸顯優勢，但持續精進才是職涯發展的根本。

4 錨定：在客戶心中插旗

你知道為什麼高級餐廳的菜單第一頁，總是放著天價的「情人節特餐」或「主廚特選」嗎？這不是隨便亂放的，而是一個精心設計的心理學策略「錨定效應」（Anchoring Effect）。就像在沙灘上插一面旗幟，會影響人們對距離的判斷一樣，**第一個出現的數字，會深深影響我們後續對價格的判斷**。

先玩個小遊戲，如果我問你：「南極國王企鵝有多少隻？」然後告訴你「大概有一萬隻」，你可能會猜八千或九千隻。但如果我一開始說：「大概有十萬隻。」你的猜測就會在這個數字附近徘徊。這就是錨定效應：第一個接觸到的數字，會成為我們判斷的參考基準。

這個效應在投資時特別明顯。有個朋友跟我分享，他當初在台積電一百元時買進，賺了一倍後賣出小賺一筆，但後來漲到三百元、五百元，他都沒有再買進。為什麼？因為一百元在他心中形成了一個「錨」，任何超過這個價格都讓他覺得貴。結果呢？他只能在旁邊當啦啦隊，看著台積電股價一路飆升。

有趣的是，錨定效應不只影響我們對價格的判斷。想想看，當銷售員先帶你看一輛豪華轎車，再介紹中階車款時，那個中階車款是不是突然顯得「很划算」？或者房產代銷人員先帶你看最貴的樓層，等介紹到其他樓層時，你是不是會覺得「還可以接受」？

但要注意的是，錨定效應雖然強大，卻不代表消費者是笨蛋。一個好的錨定策略，必須建立在產品本身具有真實價值的基礎上。就像釣魚，魚餌再好，如果河裡根本沒魚，也是白搭。錨定效應是一個工具，並不是魔法棒，它可以幫助凸顯產品的價值，但不能創造不存在的價值。

●實戰應用

阿志是個愛好攝影的上班族，他在二手社團經常買賣相機器材。有次他想賣一台用了一年的相機鏡頭，市場行情大概在一萬兩千元左右。一開始他像大家一樣直接開價，但總是被殺價到一萬元以下，覺得很吃虧。

後來他改變了方式，在刊登二手鏡頭時這樣描述：「這顆鏡頭原價兩萬八千元，二〇二二年在數位相機專賣店購入（附上原始發票照片）。現在新品行情價還在兩萬三千元至兩萬四千元間（附上新品網路售價截圖）。我因為要換更高階的鏡頭，所以特價一萬三千五百元轉讓，保證功能完好。」

這個方式產生了很大的改變，因為潛在買家第一個看到的是原價兩萬八千元，接著看到兩萬三千元的新品價，最後看到一萬三千五百元的售價，重點是每個價格都有憑據，結果他不但順利以一萬兩千八百元成交，買家還覺得撿到便宜。為什麼？因為買家的參考點變了，不再是以「二手市場的行情」為錨，而是以「新品價格的折扣」。

這個案例告訴我們，錨定效應不是用來哄抬價格，而是幫助別人了解商品的真實價值。重點不在於喊價有多高，而是如何合理建立價值參考點。成功的關鍵是：提供真實且有憑有據的資訊，讓對方對價值有清楚的認知，這樣的溝通方式不僅能爭取更好的價格，更重要的是建立起買賣雙方的信任。

5 損失規避：失去的痛苦比獲得的快樂更巨大

想像一下這個情境：你的薪水從四萬元漲到五萬元，幾個月後你就覺得理所當然了；但如果有一天薪水從五萬元降到四萬元，那種痛苦可能會讓你徹夜難眠。為什麼同樣是一萬元的差距，失去的痛苦卻遠比獲得的快樂更強烈呢？這就是心理學家所說的「損失規避」（Loss Aversion）：人們對於失去的痛苦感受，大約是獲得同等價值時快樂感受的二・五倍。

失去的恐懼如此強大，以至於它能驅使我們做出許多決定。想想看，為什麼許多店家的會員點數都設有使用期限？當消費者收到「您有五百點即將於本月底到期」的通知時，即使原本沒有消費計畫，也很容易被這種即將失去的感覺驅使進行消費，甚至額外消費。這就是損失規避的妙用：**不是強迫消費者做什麼，而是讓人們為了不失去已付出的成本，自願採取行動**。

信用卡公司就很常用這樣的策略來吸引消費者刷更多次卡、花更多的錢，例如一開卡就送你行李箱或現金回饋，但如果沒有在指定期限內刷滿一定金額就要收回去。他們不會說「刷十筆信用卡就給你一千元」，而是「先給你一千元，如果三個月內沒刷十筆就收回去」。為什麼？因為利用消費者的損失心理，當人損失已有的東西時，痛感特別強烈，比什麼都沒得到還痛。

簡單說就是，人們特別怕失去已經到手的東西。這也解釋了為什麼股票下跌時的心情，總是比上漲時更令人難忘；為什麼降價拍賣時的人潮，總是比新品發表時更瘋狂。說穿了，就是我們都不喜歡失去已經擁有的好處或機會，就算只是短暫擁有也一樣。

我們特別害怕「失去」，就算只是「可能失去」的風險，也讓人坐立難安。

實戰應用

小芳有個小學三年級的兒子小明，常常拖拖拉拉不寫功課，每天都要催促到晚上九點多才勉強完成，全家人都很困擾。她試過很多方法，例如答應小明寫完功課就可以玩平板，或是威脅不寫功課就不能看電視，但都沒什麼成效，親子關係還愈來愈差。

後來小芳靈機一動，改變了策略。她跟兒子約定：「每天你有九十分鐘的遊戲時間，但要看你什麼時候寫完功課。如果四點前寫完，九十分鐘都是你的；四點到五點寫完，只能玩六十分鐘；五點以後才寫完，就只剩三十分鐘可以玩。」這個方法不是用獎勵來吸引小明，而是讓他一開始就擁有九十分鐘的遊戲時間，但會隨著拖延而逐漸減少。

結果奇妙的事情發生了，小明主動計算自己的時間，為了不想失去遊戲時間，回家就趕快寫功課，寫功課的速度明顯變快了，小芳也不用再三催四請，小明漸漸養成了一個習慣：一回到家就把功課寫完，這樣就能安心地享受自己的遊戲時間。而且因為少了催促責罵，親子關係反而變得更好了。

這個案例告訴我們，在日常生活中運用損失規避心理時，先讓對方感受到自己「擁有」某個東西，再設定清楚且合理的規則，給予適當的自主權，比起用威脅或處罰的方法帶來更好的效果。

6 定價真相：你買的不只是商品，更是一種心理價值

讓我跟各位分享一個很有趣的現象。你有沒有發現，當醫生開的藥太便宜，病

人反而會懷疑療效；看到日本包裝精緻、一顆要價千元的進口蘋果，就覺得特別適合送禮。這背後其實藏著一個很深的行銷學問：消費者購買的往往不是產品本身，而是一種更深層的心理價值。

舉個最典型的例子，Lady M 的千層蛋糕，從純粹的產品價值來看，它或許不足以支撐現有的價格。但消費者願意花大錢，是因為他們不只是在買一塊蛋糕，更是在購買一種生活品味的象徵、送禮的體面。這就跟精品市場是一樣的邏輯，消費者購買名牌包，本質上是在投資一個身分認同，而不是單純買個裝東西的容器。

這種心理在送禮市場特別明顯。為什麼九百九十九元一朵的玫瑰花，總是比九十九元一束的康乃馨更受歡迎？為什麼禮品選三千九百八十元的，就是比一千九百八十元的更有感覺？因為送禮的時候，價格已經不再單純代表物品價值，而是變成了心意的量化指標。說白了，價格愈高，就愈能表達你的重視程度。

我必須講一個很現實的事實：很多商品的實際成本可能只占售價的十分之一，其他都是品牌溢價，但這不代表消費者很傻，因為他們付的是品牌長期經營累積的信任和形象。就像一場演唱會請天王、天后來唱，票價自然比一般表演貴很多。大家願意買單，就是因為懂得欣賞不同層級的價值。

所以要記住，定價策略的關鍵不在於把成本算得多精確，而是要搞清楚：你的產品或服務能為客戶帶來什麼樣的感受和價值？它能滿足消費者什麼樣的心理需求？有時候，一個看似昂貴的價格，反而能幫助品牌找到最適合的目標客群。

最後我要強調一件事：人本來就不是完全理性的，當你的產品要發展成品牌，價值往往來自於那些無形的感受，但消費者還是願意買單。這就是為什麼我常說：「**不要只賣價格，要賣價值**。」懂得這個道理，你就懂得產品定價的真諦。

● 實戰應用

做了五年平面設計接案的小華，一直苦惱著價格問題。他發現一個弔詭的現象：單純的設計案以五千元報價常常被嫌貴，但包裝成每月一萬五千元的品牌顧問方案時，反而特別受歡迎。

以前，小華的報價單很直接：LOGO設計兩千元、名片設計一千五百元、DM設計三千元，每個項目都標明修改次數。這種定價方式雖然清楚，卻把設計變成了一種標準化的商品，容易讓客戶只關注價格而忽視其中的專業價值。

後來，他把服務重新包裝成「品牌識別規劃」，內容包含專業的品牌診斷、市場定位分析、完整的品牌視覺設計、深度溝通會議，以及詳細的設計理念說明書，整套服務定價一萬五千元。雖然實際工作內容與之前相近，但這樣的包裝卻帶來意想不到的效果。

最明顯的改變是，客戶不再糾結於價格，變成專注討論專案內容，溝通變得更順暢，因為客戶開始把小華視為專業顧問而非單純的美工人員。更令人驚喜的是，滿意的客戶開始主動推薦新案源，形成良性循環。

這個轉變的關鍵在於，小華不再只是販售「設計」這項技術服務，而是提供了一套完整的「專業解決方案」。這個價格定位讓客戶感受到這是個嚴肅的專業服務，設計師會投入足夠的心力，整個過程都經過縝密規劃，最終能得到全面的解決方案。

專業服務真正的價值源自於，將各種技能整合為完整解決方案的能力，讓客戶清楚看見你提供的全面價值，自然能降低他們對價格的敏感度。如何有效傳達這種價值，比單純調整價格策略更為重要。

7 羊群效應：用人群吸引人群

三十年前我還在房仲業打滾時，手機剛剛普及，但還不能上網，我們這些房仲業務每天都在上演一齣特別的「戲碼」。

我常常會在帶看房時，把手機轉為震動（震動比突如其來的鈴聲更顯自然），當有客戶來電，我會撇開頭，壓低聲音說：「喂，劉小姐？真不好意思，我現在正在帶看房子……您也想來看？唉，今天已經約了七組客戶，現在才帶到第三組……」刻意營造一種神祕感，往往能激起現場客戶的好奇心和競爭意識，本來沒有想要買的，也會被勾起購買的衝動。

這套把戲到了現在依然管用，幾年前我在台北市虎林街看一個新建案時，就發現現場人來人往，電話聲此起彼落。身為業界老手，我一眼就看穿，在場「看房客」中，起碼一半是請來的臨時演員。他們的任務很簡單：坐在銷售中心認真翻閱資料，從頭翻到尾，再從尾翻回頭，營造出一種「這個建案超搶手」的氛圍。

這種場景完美詮釋了「羊群效應」的本質：**人類天生就有追隨大眾選擇的傾向**。就像在街頭，當你看到一家店門前大排長龍，即使不知道這間店在賣什麼，內心也會冒出一個念頭：「這麼多人排隊，應該不會差！」原本覺得荒謬的等候時間，在這種氛圍下竟然也變得合理起來。

但我必須強調，所有行銷手法都需要精準拿捏。就像那天在虎林街，那位忘記我也當過房仲的優秀學弟，因為表演得太過火反而顯得做作，失去了我的信任。真正高明的業務應該是水到渠成，可以善用羊群效應來吸引客戶，但絕不能把它當作維持生意的唯一法寶，要真正留住客戶的心，還是得靠真本領。

實戰應用

一家甜點店即將開幕，老闆娘刻意請親朋好友在開幕當天先來消費支持，安排他們每隔十分鐘來一個，錯開時間在店門口排隊等候。如果有路人問起，他們就可以介紹這間店的特色：「聽說這家老闆娘在日本學了三年，今天開幕只賣一百份，我特地提早跑來排隊。」

這個策略立刻發揮效果，路過的人看到有人排隊，自然開始好奇這裡在賣什麼，一個接一個吸引真正的客人前來加入排隊隊伍。而老闆娘也很聰明，趁這個時候出來發放號碼牌，還送上熱騰騰的日本煎茶，讓排隊的人感受到店家的用心，並且刻意在店內放了長椅讓客人可以坐著享用茶點，讓人潮持續在店裡停留，不會一買完甜點就離開，而是慢慢品嘗。

結果當天不只賣完了預期的一百份甜點，更重要的是，許多客人都在社群媒體上分享排隊照片，加上「終於買到了！」、「值得等待的美味」這樣的文字，這些自發性的分享，創造了意想不到的口碑效應。

8 選擇超載：選擇太多反而降低購買慾望

說到「選擇超載」（Choice Overload），就一定要提到這個經典案例。一家連鎖超市的貨架上擺滿了二十六種不同風味的果醬，從傳統草莓、藍莓到異國風味的無花果、百香果，琳琅滿目讓人眼花撩亂。看起來選擇很豐富，但銷量卻慘不忍睹。超市經理決定做個大膽的嘗試，他們先把果醬品項砍到只剩六種，意外的是，銷售額不減反增，足足上升了一六%。更令人驚訝的是，當他們進一步把選項縮減到只剩三種時，銷售額竟然比原本飆升了三〇%！

這個案例看似違反直覺，其實反映了人類大腦的一個特性：面對太多選擇時，反而會陷入「選擇超載」。想想看，當你面對二十六種果醬，誰能真的分辨出它們的細微差異？「這個草莓果醬跟那個草莓果醬到底有什麼不同？」、「買了這個會不會後悔沒買那個？」在種種顧慮下，最後乾脆選擇放棄，什麼都不買了！

這就是為什麼在提案時，我特別強調採取「三選一」策略。因為人類的大腦天生就偏好三個選項，兩個選擇太少，感覺被限制；四個以上太多，容易造成混亂；三個選項剛剛好，既給人充分的選擇感，又不會陷入選擇困難。就像知名的溝通專家張敏敏老師曾經說過：「給對方三個選項，比給兩個或四個更容易達成共識。」這個神奇的「三」字訣，不只適用於銷售，在談判、溝通、決策時都特別有效。

所以，下次當你要規劃產品線或是提出方案時，與其追求選項的多樣性，不如精心挑選最具代表性的三個。這不是在限制選擇，而是在幫助人們做出更好的決定。就像整理衣櫃一樣，有時候，少即是多。

實戰應用

資深理專小美是該分行的超級業務，特別擅長為客戶規劃理財方案，深得客戶信任。某一次，一位手握三百萬元的客戶來銀行諮詢，一開始是由新手理專接待，這位年輕的理專急於展現專業，立刻開始介紹銀行所有的商品：定存、外幣、基金、股票、保險、結構型商品等。結果可想而知，客戶被大量資訊轟炸，最後因為覺得太複雜而打退堂鼓。

小美得知這個情況後，決定重新接觸這位客戶。她沒有直接推薦商品，而是先了解客戶的理財期限、風險承受度、收益需求等基本條件。在充分了解需求後，她只提供三個精心設計的投資組合：一個偏重固定收益的穩健方案、一個平衡型的配置，以及一個追求較高報酬的積極方案。

她的介紹方式特別有技巧：「根據您希望穩定收益、可以投資三到五年的需求，我建議以下三個投資組合，各有不同的特色和風險報酬特性。」最後加上補充：「這些都是根據您的需求量身訂製，如果想要更保守或積極的配置，我們可以再調整。」最後小美不僅留下這位客戶，更獲得了對方的信任，把原本三百萬元的投資額提高到五百萬。

三選一的提案方式，能幫助客戶理解並比較各個方案，不只客戶更容易做決定，提高了成交率，也能展現自己的專業價值。

9 促發：讓客戶印象深刻的感官武器

為什麼很多麵包店都會選擇在下午四點出爐麵包？當撲鼻的香氣傳到街上，放學的小學生與家長總會忍不住買兩個麵包解解嘴饞。為什麼當我們讀到「慢火煙燻火雞肉，金黃酥脆的外皮下是鮮嫩多汁的肉質」，就能立刻感受到火雞有多美味，彷彿可以聞到那股誘人的香氣，以及入口的酥脆？這些都不是偶然，而是精心設計的感官體驗。

在生產過剩、產品同質化高的時代，單純比較功能和價格已經不夠了。真正的高手會運用感官的「促發」策略，**把平凡的消費轉化為難忘的體驗**，透過視覺、聽覺、嗅覺、味覺、觸覺的巧妙配合，讓產品在客戶心中留下深刻印記。就如同「慢火煙燻火雞肉」，就比單純寫個「烤火雞」強大得多，好的文案是讓人透過文字就聞到香味、看到畫面。

說到感官行銷的威力，就不得不提AKB48的案例。這個女子偶像團體在數位音樂當道的時代，還能創造令人難以置信的實體CD銷量，他們的祕密武器是什麼?原來，唱片公司在每張CD都附贈一張可以和成員握手的券，時間雖然只有短短幾秒鐘，但這個能和偶像面對面、真實觸碰的機會，竟然讓粉絲願意買下幾十張，甚至上百張同樣的CD。

這個策略完全扭轉了商品的定位。CD不再只是一張音樂載體，而是變成一張通往偶像的「門票」，當粉絲握住偶像的手時，那種真實的溫度和觸感，會在腦海中留下難以抹滅的記憶，這比單純聽音樂創造了更深的情感連結。

這個案例徹底顛覆了傳統的商業邏輯：不是執著於產品本身，而是要創造無可取代的實體體驗。AKB48用一個簡單的握手，就將數位化商品轉變成了獨特的感官體驗，這正是感官行銷最厲害的地方。

●實戰應用

我曾經開過一堂高單價的課程，兩天就要三萬多元，我想為課程創造更多價值，刻意運用了「促發」讓整個課程體驗令人印象深刻。

大家都知道，台北有一間知名的「阜杭豆漿」，排隊時間動輒需要一、兩個小時，於是我就請代購助理清晨五點去現場排隊，讓學員在早上第一次休息時間就能吃到熱騰騰的豆漿和燒餅油條。果然，當金黃酥脆的燒餅和標誌性的阜杭紙袋一出現，就吸引了所有學員的目光。新鮮出爐的香氣瞬間充滿教室，當學員咬下去時，外酥內軟的口感配上豆漿的香醇，連那酥脆的聲響都成了享受的一部分。

為了確保完美的體驗，我們還在細節上下足功夫。從特製的保溫袋，確保食物送達時維持最佳溫度，助理還要精準掌握出爐時間，讓休息時間剛好能搭上食物的最佳賞味時間。

這個看似簡單的早餐安排，創造了意想不到的效果。學員們不用排隊就能吃到名店美食，驚喜地紛紛拍照分享，課程才開始沒多久就製造了熱烈話題。課後的問卷也收到許多回饋：「想不到連早餐都這麼用心！」、「省去排隊時間又能吃到，太貼心了！」甚至有人說：「光是這個早餐，就覺得學費很值得。」

一個小小的安排，就讓這堂課程在學員心裡留下了難忘的記憶點，說不定以後學生自己去吃阜杭豆漿時，都還會回憶起某天早上在我的課堂上吃到燒餅的情境。其實，銷售思維的關鍵不在預算的多寡，而在於觸動客戶的心，有時一頓溫暖的早餐，就能讓整天的課程變得更有價值。

10 稀缺：物以稀為貴的價值策略

二〇二四年九月底，台灣棒球界傳奇球星周思齊的引退賽，創造了空前的轟動。由於和周思齊有些交情，我幸運地提前獲得包區的機會，立刻買下一百張票，準備為身邊朋友代購。這個經歷讓我深刻體會到「稀缺效應」（Scarcity Effect）的威力。

面對這一百張珍貴的票，我沒有選擇直接告訴大家我手上有這麼多票。我會先說：「票可能全部賣完了。」當熟人繼續熱切詢問，我才會壓低聲音說：「其實，我手上還有一些票，可以原價轉讓給你。」這種充滿神祕感的回應，常帶來不錯的效果。

因為我知道，如果我直接大剌剌宣布：「我有一百張票，有人需要嗎？」明明是同樣的票，卻可能吃力不討好，可能要花更久時間才能賣出。但當我改變策略，強調「只剩幾張」時，這些票在很短的時間內就銷售一空。

這反映了人性的一個特點：當我們覺得某樣東西稀少或難得時，就會自然而然認為它更有價值。就像這場引退賽的門票，雖然實際數量沒有改變，但說法的不同創造了一種獨特的稀缺感，讓人更願意立即下手購買。這不是在玩弄話術或要小手段，而是創造一種特殊的價值感，正因為周思齊的引退賽確實是一場獨一無二的賽事，更應該透過適當的稀缺性包裝，讓票券的價值被傳達出來。

再舉江蕙復出演唱會為例，自從九年前那場震撼的封麥演唱會後，她就再也沒有公開演出，如今她宣布復出，演唱會門票肯定是一票難求。要說演唱會的內容，江蕙的唱功與歷史地位當然都不容質疑，但門票之所以會賣得好，不單純是因為她的歌聲動人，更是因為這九年的「消失」，凸顯這場演唱會的「稀有」，讓她在歌迷心中的地位更加難以取代。那些思念堆積如山，印證了「花開堪折直須折，莫待無花空折枝」的道理。

但稀缺策略就像在走鋼索，一個不小心就可能失去平衡。以歌手來說，每年固定發片容易讓人感到疲乏，但要是十年都不出現，粉絲的熱情也可能會隨時間消退。這就是為什麼厲害的歌手能把每張專輯發行時機拿捏得如此精準，既要維持足夠的曝光度，又要保持適度的神祕感。

最關鍵的是，稀缺策略必須建立在真實的價值上，就像一道佳餚，再怎麼說「限量供應」，如果味道平平，終究難以吸引饕客。**稀缺不是噱頭，而是一個放大鏡，能把原本就美好的東西襯托得更加耀眼**，但如果本質乏善可陳，再多的包裝都只是徒勞。

●實戰應用

如果把稀缺性應用在自己的職涯上，會產生什麼樣的效果？讓我舉自己「退而不休」的例子來分享。

二〇一九年我決定從企業講師的身分退休，當時的我，每週被各種課程、演講、錄影塞得滿滿的，雖然收入可觀，但我感覺自己的生活品質在下滑，同時也有其他更想投入的志業。於是我開始思考：如何讓自己的時間變得更有價值？

經過深思熟慮，我做了一個重要決定：每週只接兩天的案子，把所有工作集中在這兩天內完成，其他時間全部留給自己。具體來說，如果是台北的案子，我就固定選週二和週三，上午可能是企業諮詢或廣播錄音，下午進行教育訓練，晚上則安排演講或餐敘。雖然行程很密集，但因為地點都在台北，反而提高了效率。

這個改變帶來的效果遠超出我的預期，客戶開始更珍惜和我的每次會面，常常提前很久就預約時段，我的工作變得更加專注高效，因為有充足的時間休息和充電，每次見客戶時都能保持最佳狀態。最令人驚訝的是，當我的時間稀缺性提高後，我的身價不減反增。客戶知道要預約我的時間不容易，反而更重視每次的合作機會，我也因此更容易篩選出誠心合作的客戶。

真正的稀缺不是靠刻意為之營造出來的，而是透過提供更好的價值，自然形成的。當你把品質做到最好，稀缺就不再只是一個策略，而是一種實力的展現。

11 互惠原則：投桃報李，創造雙贏

美國有個引人深思的餐廳研究，當服務生在結帳時放一顆糖果在桌上，客戶給的小費會比平常多三%；如果是兩顆糖果，小費更會提升到五%。最有趣的是，如果服務生先放一顆糖果，然後像是突然想到什麼似地，說：「您看起來人很好，再給您一顆。」小費竟然會提升到八%。

這不是偶然，而是觸動了人性中一個最基本的心理機制：「互惠原則」（Reciprocity）。當我們收到他人的好意時，總會不自覺想要回報。這種「你對我好，

我也要對你好」的心理，深深根植在人類的社交基因中。

這個原理常用在商業世界中。想想好市多的試吃攤位，當客戶接受了免費試吃，內心就會產生一種微妙「欠人情」的感覺。統計數據顯示，試吃三次以上的客戶，購買機率會提升四〇%。有趣的是，他們不只會買試吃的產品，連其他商品的購買意願也會增加。

但要特別強調的是，互惠原則的精髓不在於計算得失，而在於真誠付出。就像我常跟客戶說的：「幫助別人就是幫助自己。」這不是一種簡單的交換，而是在建立長期的信任關係。當你真心為對方著想時，好處自然會以各種形式回饋給你。

最關鍵的是，互惠必須是自然而發的，不能刻意操弄。比如說送禮物，如果太過刻意或帶著明顯的目的，反而會引起對方的反感。真正的互惠是建立在真誠的基礎上，是一種雙向的良性互動。就像那些成功的企業，他們不是用優惠來「收買」客戶，而是真心想為客戶創造價值。

這個原理給我們一個重要的啟示：在商業關係中，**先付出往往比先索取更有**

效。但這個「付出」必須是發自內心的，而不是表面的做作。就像那顆結帳時的糖果，雖然價值不高，但它傳達的是一份真摯的謝意，這才是觸動人心的關鍵。

實戰應用

每次和客戶約見面談保險規劃時，保險經紀人阿華總是提前半小時到達咖啡廳，不只先替客戶訂位，還會準備兩杯客戶喜歡的咖啡，更令人印象深刻的是他的客戶管理系統。他會仔細記錄每位客戶的咖啡喜好，將「小美小姐喜歡特濃拿鐵」、「大雄先生每次都點美式加一份糖漿」這些細節一一記錄在案，每次約見面時，咖啡就會完全按照客戶的喜好準備妥當。

這個看似平凡的小舉動，不僅讓客戶更認真傾聽保險規劃，成交率也明顯提升，而且這些客戶後來都成了阿華最忠實的口碑推手，經常主動介紹親朋好友給他。對客戶而言，阿華總是能記得自己的喜好，讓人感受到被真誠對待，自然願意把更多的機會介紹給他。

阿華從不把這個動作當作銷售技巧，而是真心想讓每次會面都能在輕鬆愉快的氛圍中進行，他認為，討論保險規劃本來就是件嚴肅的事，如果能從一杯暖心的咖啡開始，何嘗不是很好的開場？

當你真心付出，即使只是一杯咖啡這麼小的投資，也能獲得遠超預期的回報，但關鍵在於這份付出必須發自內心，而不是刻意的手段。如果太過斤斤計較，一旦客戶不跟自己買保險就冷眼以對，久了之後客戶也會看破手腳，不再輕易地信任你的「特製咖啡」了。

12 峰終定律：創造一個難忘的記憶點

你還記得最近一次去看的電影是什麼嗎？浮現在你腦海的，是不是只剩下幾個最精采的片段，以及電影結束時的感受呢？人類的記憶就是這麼奇妙，一部兩小時的電影，最後留在腦海中的可能只有兩個時刻——最震撼的那一幕（峰值），以及散場時的心情（終值）。心理學家把這個現象稱為「峰終定律」(Peak-End Rule)。

在《紐約時報》（*The New York Times*）暢銷書作家希思兄弟（Chip Heath, Dan Heath）的著作《關鍵時刻：創造人生一%的完美瞬間，取代九十九%的平淡時刻》中，有句話說得特別貼切：「Mostly forgettable, occasionally remarkable.」（生命中大部分時刻都終將被遺忘，只有那些特別的瞬間才會被永久保存。）第一次看到這句話時我深受觸動，因為它完美解釋了為什麼有些體驗會特別令人難忘。

就像在東京巨蛋看棒球比賽，當四萬名觀眾同時揮舞應援物、齊聲吶喊時，那種震撼感會永遠印在我腦海裡。這已經不只是場比賽，而是一場難忘的人生體驗。

說到峰終定律，Ikea 的例子再經典不過。逛 Ikea 常常是件累人的事，只要雙腳踏進店裡，等著我們的就是無止境地走來走去、上上下下、繞來繞去，走到腿都快斷了還沒走到出口。但即使如此，大家還是願意一次又一次去逛 Ikea，甚至還變成許多夫妻情侶的假日休閒。為什麼？因為你知道每一次逛完 Ikea 後，總有一支十元的霜淇淋在等著你，當你採購完、筋疲力盡之際，那支霜淇淋的美味就與逛 Ikea 綁定，這個簡單的小確幸，神奇地撫平了所有疲憊，讓人只記得「逛 Ikea 其實滿開心的」這個終值印象。

但是製造這些特別時刻不能玩假的，必須是真實且有意義的，不能只是表面的花招。就像我在準備演講時，尤其是面對熟悉的聽眾，一定要每一次都創造新的驚喜，這樣他們回家後還會記得，那些意想不到的美好時刻。

理解峰終定律我們就會明白：一**個體驗的價值，不在於它有多長、多完整，而在於它能在人們心中留下多深刻的印記**。不只適用於商業，更適用於生活的各個層面，因為歸根究柢，讓生命有意義的，不是那些流逝的時光，而是閃耀的一瞬。

● 實戰應用

演講資歷近二十年，峰終定律依然是我最常應用在演講中的策略之一。尤其是在每場演講即將結束時，當聽眾的注意力開始渙散，眼神透露出疲憊，我知道這就是創造記憶點的最佳時機。這時，只要放慢語速，轉換氣氛，音樂一下，我就會開始講一個觸動人心的故事，整個場子瞬間就像被帶進另一個時空，能量完全不同。

在業務銷售相關課程結束前，我特別喜歡講「下雨天是勇者的天下」這個故事。當大雨傾盆時，大多數人會選擇躲在屋簷下等待，但總有那麼一些人，會毅然決然走入雨中，他們深知，當別人決定在下雨天放鬆休息時，這就是超越的最好機會。而每個業務也都有自己最為低潮的下雨天，他們需要的就是一個充滿力量的故事，鼓舞他們重新找到往前衝刺的動力。

有時候我也會在課程中或結束前，分享我跟著景美女中拔河隊，以及教練郭昇一起到瑞典、瑞士出國比賽的故事。想像一群女高中生，為了爭取一點點體重優勢，瘋狂在一、兩天之內增重好幾公斤的決心，同時她們面對體型更為優勢的歐洲強隊，靠著比別人多一點的堅持、多一秒的忍耐，以及教練給予的紀律，最終在世界舞台上為台灣爭光。每當我播放她們上台領獎的畫面，以及教練訓話時的錄音，常常都能看到台下有人偷偷拭淚。

還有一個我經常分享的故事，則是關於利他與無私的一段低潮回憶。我會向學員們講述我罹癌時，受到許多朋友們協助的故事，以及在我父親離世時，只與我有一面之緣的朋友卻大力伸出援手，在我最無助時得到最需要的幫助。「你的舉手之勞，可能是別人的無能為力」，對我們來說再簡單不過的事，可能正是別人最需要的幫助，我常常在主管層級的課程中說這段故事，希望我們能在高峰時看見他人，在低潮時看見自己，在有能力時成為別人的一盞燈。

你也許會問我，為什麼要在結尾講這些故事？**因為故事有一種神奇的力量，能把道理變成情感，把概念變成記憶**。當聽眾的理性思考已經達到飽和時，一個好故事反而能觸動他們的心靈，讓整場演講的重點透過情感的連結，深深烙印在記憶中。就像在交響樂的最後樂章，要適時放慢速度，讓每個音符都能觸動人心。

故事要夠短，五分鐘左右最佳；要有張力，能引起共鳴；要有連結，能自然地連結到演講的主題；最重要的是，這些故事必須發自內心，如果只是為了感動而感動，聽眾反而會感受到不真實。真誠的情感和真實的故事，才能在聽眾心中種下一顆深刻的種子，當他們日後回想起這場演講，這則感動的故事就會把整場演講的重要訊息一起帶回來。

這種結尾的設計，不只適用於演講，在工作簡報、提案報告，甚至是教學現場都能靈活運用。重點不是要刻意製造感動，而是用一個好故事，為整場演說畫下完美的句點，因為最後的感動，往往就是最深刻的記憶。

憲哥復盤

1. 「我賣的不是A，而是B。」不是去說服客戶你的產品有多好，而是讓他們看到不用你的產品或服務，會有多糟。
2. 「有形商品無形化」賣情緒價值；「無形商品有形化」讓人眼見為憑。
3. 用搭售與綑綁提升利潤的五要素：提升客單價X高階綁高階X創造新定位X建立相對價格X主副產品搭配
4. 給客戶的選項不多不少，三個剛剛好：高端選項提供品質保證，低端選項則確立底線，凸顯中間選項（主推方案或全新方案）的合理性。
5. 用分割和改變付款時間，降低客戶的心理負擔，更容易買單。
6. 框架效應和錨定效應，幫助品牌合理地建立價值參考點，快速建立品牌形象。
7. 定價時思考價值勝於價格，要讓客戶清楚看見你所能提供的整體價值。
8. 消費就是一種體驗，以促發、互惠、峰終定律來設計令人難忘的顧客旅程。

PART 3

溫暖——

信任感，就是你的護城河

chapter 11

你不只要專業，還要夠溫暖

做業務，其實就是學做人。

還記得二〇二四年八月，我到南山人壽做一場《極限賽局》的演講，當我講到書中關於人生使用說明書的五個心法：找到優勢、賦予動力、創造連結、走出低谷、看見使命時，我故意問聽眾：「做一件事，動力很重要，那你們猜猜，我今天為什麼要來？我的動力是什麼？」

很多人說：「為了錢啊！」

我說：「放屁！我才不會為了錢，我上次來你們公司上課，人走來走去，氣死我了，我才不會為了錢來受氣。」

也有人說：「為了使命。」

我說：「屁啦！我哪有那麼多使命？我跟你又沒有什麼關係，南山也不是我開的，我哪有這麼多使命。」

還有人說：「為了教育我們。」

我說：「我又不是你們的人資或主管，你是我的誰？我幹嘛教育你？」

沒人猜中答案。我最後揭曉答案：「我是為了童雅薰而來。」

童雅薰是誰？其實就是邀請我去演講的窗口，也是南山人壽高資暨企業行銷部的經理。為什麼是她？看到大家疑惑的表情，我解釋道：「你們不知道，早在十二年前我就認識童雅薰，當時我正在講師生涯的巔峰，拍了一個教學DVD，有點像現在線上課程一樣，只不過當年還是用DVD呈現。」我故意頓了一下，「你知道那時候我們找的臨時演員是誰嗎？就是童雅薰！」

「童雅薰，Carrie，請站起來，讓大家給你掌聲！」

我故意公開讚賞這位窗口，絕非客套話，而是真心的感激。懂得感恩很重要，既然童雅薰的團隊為這場演講投注了大量熱情與心力，我當然應該給予同樣的尊重與鼓勵。有人可能會想：「處理演講的溝通事宜，不是工作的本分嗎？有需要在演講中稱讚窗口嗎？」但我從不把他人的幫助或付出視為理所當然，在我看來，每一次的合作交流都值得珍惜，這就是我的處事態度。

你可能會好奇，為什麼我會有這樣的想法？其實很簡單，不妨試想，假設今天我坐在台下聆聽偶像嚴長壽演講，突然聽見他說：「二〇二一年四月十七號，我遇見了一位叫謝文憲的朋友。謝文憲，你在台下嗎？請舉個手。」當一位備受敬重的人物，在眾多粉絲與朋友中特別記得你、在公開場合提及你，那種被銘記於心的感動，一定會在記憶中留下深刻的印記。

重視每一位夥伴

對我而言，在簡報中加入這些名字與故事，不過是多花一點時間的小事，但對被提及的人來說，卻可能是人生中一個難忘的時刻。我一直提醒自己，**在事業上、在人生中，真正的成功不單是追求專業表現，也要在生活中記得曾經與自己同行的朋友與合作夥伴**，讓他們知道：「我是被看見的，我是重要的。」

所以很多人問我，為什麼我的企業內訓回購率這麼高？又或是，為什麼我的粉絲這麼樂於參加我的課程與活動，甚至跟著我去遊山玩水、看棒球，就像跟一群好朋友出遊一樣？要維持這種高度黏著關係，其實別無他法，就是你有沒有用心把別人放在心上。

以我來說，我有個特別的「本領」，就是記住別人的名字。只要對方不是戴著口罩，或是換了一個全新的造型，我只要見到人，大概都能叫出對方的名字，這不是天賦，這是需要下功夫的。比如在演講前，我會事先看過報名名單，稍微記一下有誰會出席，這樣到了當天，就更容易叫出對方的名字。

這個習慣其實是受到卡內基（Carnegie）書籍的影響。卡內基曾說：「一個人的名字，是他耳朵所能聽到最悅耳的聲音。」如果你跟一個人很久沒有見面，但見到面時卻能準確叫出他的名字，這份「被記得」的心意會讓他們感到自己備受重視。這個道理簡單，但真正做到的人卻不多，甚至我還會更進一步，記住上次見面的時間、地點，這些細節看似瑣碎，但一旦說出口，對方往往都會嚇一大跳。

所謂的高黏著度，其實是一種現象，而不是原因，永遠要記住「不要用現象去解釋現象」，現象背後的根本原因其實是信任感。正因為客戶相信我，所以願意一年又一年持續找我做企業內訓；正因為粉絲相信我，所以願意付高價上課，甚至跟著我一起做公益。這些都不是憑空而來的，而是要問問自己：**你有沒有用心把別人放在心上？**

不要吝嗇讚美

在職場上，有句古諺說得好：「揚善於公堂，規過於私室。」好的事情要公開表揚，不好的事情私下規勸，這個道理人人都懂，但真正能做到的人並不多。

我一直努力把「揚善於公堂」這件事做到極致。舉例來說，當我接企業內訓時，通常是經理級主管找我談好大方向，之後就會交給基層專員處理細節。這時候，我會特別在經理面前提到：「你們的專員真的很細心，不只幫我確認場地資訊，還注意到演講細節，可以看出你們把同仁訓練得很好。」

看似簡單的一句話，卻能為基層員工在主管面前加分，尤其他們的付出常常被視為理所當然，當你能在適當場合為他們美言幾句，不只能讓主管覺得與有榮焉，也能讓基層同仁感受到被重視。

但讚美一定要具體，空泛的「很好」反而顯得不真誠。我都會舉實例：「你們的HR助理有三個地方特別優秀：第一，她會貼心詢問我要冰美式還是熱美式；第二，特地幫我預留停車位；第三，主動確認付款期限。就這三點，你們的員工就勝過台灣九成的HR了。」

你可能會說，不過就是稱讚一下窗口而已，真的有這麼厲害嗎？有不少企業講師，別說是主動稱讚工作人員，可能還特別龜毛，要求特別多，從專屬停車位、新娘房等級的休息室，到這個不吃、那個不吃，甚至不准別人拍照錄影，這些要求常讓第一線人員很為難。更諷刺的是，有些講師收費比我還貴，講的內容卻不一定值得那樣的價錢，久而久之，這樣的講師自然容易失去客戶。

所以你問我，為什麼我的企業內訓回購率很高？因為當你在公開場合讚美第一線的同仁時，不僅老闆有面子，被稱讚的窗口也會銘記在心，他們怎麼可能不想再找我去演講？這就是為什麼到了我這個階段，更容易看出人的高下。**不是靠身價，不是靠名氣，而是靠著一點一滴累積的真誠互動，和對每個人的尊重。**

當然，這並不意味著我是個圓滑世故的人，我的直腸子性格也是出了名的。大家都知道，如果有人在我演講的過程中走來走去，我一定馬上變臉，甚至直接不上課、掉頭就走的情況也都有過。

好，我就說你好；不好，我也會直接說你不好，就是這麼簡單。

讓客戶信任你，甚至喜歡上你

說到這裡，你可能忍不住會問：憲哥你說了這麼多，這些跟銷售到底有什麼關係？這就要說回現象背後的理論了。還記得我們在第五章提到「選擇忠誠策略」嗎？要能把一毛錢也不付給你的陌生人，變成常常上門消費的好朋友，你必須做到兩個關鍵：「利潤」也就是這個客戶能帶來多少利潤，以及「忠誠度」，客戶願意持續跟你交易來往的程度。

提升利潤的方式，我們已經在第二部〈專業——看不見的說服力，使利潤翻倍〉教了許多搭售與綑綁，以及行為經濟學的銷售技巧與觀念，現在我們要談的，則是與客戶建立信任感與情感連結。因為在銷售時，我們賣的從來都不是單純的商品，而是一種更深層的信任感，這種信任感主要可以分成三種層次：

第一種是產品信任。就像很多人會覺得「Sony 的電視應該不會有問題」、「大金的冷氣一定很耐用」，這是因為這些產品長期累積的好口碑，讓消費者對它們產生信賴。

第二種是品牌信任。比方說有人特別熱愛 Nike 的球鞋，不是因為特定哪一雙鞋子，而是對這個品牌的整體印象很好。這也是為什麼有些小品牌即使產品做得非常好，但當品牌信任度不夠時，還是很難打開市場。

最關鍵的是第三種：個人信任，這甚至能決定前面兩種信任能否發揮作用。想想看，即使是最好的產品，如果銷售人員給人一種搞不清楚狀況，或是不誠懇的感覺，消費者也會產生抗拒。相反的，當消費者對銷售人員產生信任，即使產品或品牌不是市場第一，他們也更願意給予機會。這就是為什麼我們常常聽到有些人會說：「我都找小張買，因為他說話算話，從來沒有騙我。」

個人信任的建立，不在於一時的甜言蜜語，而是長期的真誠互動。來自於你是否真心為客戶著想、是否在他們需要時伸出援手、是否在他們猶豫時給予專業建議。**一個銷售人員能夠打造強大的個人信任，他就不再只是一個賣產品的人，而是客戶生活中的重要夥伴與顧問**，這種關係達到的銷售效果，絕對不會輸給任何促銷手法。這也是我在這本書中不斷強調的：不只要「專業」，還要夠「溫暖」。再看一次，這兩種特質包含了哪些細部項目：

● **專業**

- 吸引力
- 能力
- 強勢
- 社經地位
- 獨特：奇特故事、說好故事、別勉強說服
- 深度：琢磨技能、鼓舞力量

● **溫暖**

- 信賴

- 自曝弱點
- 個人魅力
- 親和
- 慷慨：樂於付出、正面特質、表現尊重
- 同理：凡事「我們」、多想合作、找共通點

現在再回頭看，為什麼我要在演講中稱讚窗口？說到底，這就是我在《極限賽局》中分享的核心價值：「**在高峰時看見別人，在低谷時看見自己**。」當我們享受成功的喜悅時，永遠要記得那些在旁扶持、協助的夥伴們，因為每一次的精采演出，都是許多人齊心努力的成果。

而被我們看見與肯定的人，往往也會記得這份溫暖，等到有一天他們也成長茁壯，站上更高的位置時，他們會想起這份情誼，並且延續這份美好，將自己的光芒傳遞給更多人。這已經不只是銷售思維的層級，應該說，這就是做人的道理。

要能做到這件事，通常要具備一定的歷練，唯有當你接觸夠多人事物後，才有機會慢慢摸索出待人處事的模式。也許你曾經被別人怎樣對待過，你也會從中學到如何待人：壞的，你懂得己所不欲、勿施於人；好的，就把這份溫暖與愛繼續傳遞下去。

當然，最重要的是，這樣下一次童雅薰要辦演講，肯定第一個想到我啦！

chapter 12

先讓人有感，才能快速建立信任感

很多人都知道，我有一個賣車的超級業務朋友，我跟他買車超過二十四年（共五台），甚至還會把他介紹給身邊想要買車的朋友，為什麼？

故事要從二〇〇〇年說起，那時我還在安捷倫服務，公司有個規定，每三十六個月必須換一台新車，這是外商公司很常有的配車補貼（Car Allowance）制度，希望外勤人員開的車不要太舊，一方面是為了安全，另一方面也是為了公司形象。

因此，每逢週一，公司的地下停車場總會出現一位汽車銷售員和他的保險業務太太，以獨特的默契提供完整購車服務。先生精於挑選適合的車子，一旦成交，太太就立刻處理車險規劃，讓每位客戶享受到無縫接軌的一條龍服務，幫我們省下買車後辦理手續等來回奔波的時間。

這位銷售顧問有三個特質，讓我印象深刻：首先是他的定價策略非常透明，不管是哪種車型，他都會比市場價便宜五千元。比如標價六十一萬五千元，他就收六十一萬；標價七十八萬五千的，他就收七十八萬。當然，這是因為他的太太會從保險業務中取得合理利潤，所以敢給出這樣的優惠。

其次，他提供全方位的事故處理服務。對於經常在外跑業務的我們來說，最怕遇到交通事故帶來的麻煩。於是他承諾，一旦發生事故，我們只需要報警做好筆錄，其他的事情都可以交給他處理，甚至還會提供備用車，確保我們的工作不受影響。

第三，也是最令人印象深刻的，就是他的筆記本。在那個 iPad 和電腦尚未普及的年代，他隨身帶著一本厚重的筆記本，裡面詳細記載著每位客戶的購車紀錄。對當時三十出頭的我來說，看到這麼專業的紀錄，立刻就對他的專業深信不疑。

直到二〇一三年二月二十六日，一通電話更大大提升我對他「專業服務」的印象，也奠定了我們日後的長期信任關係。

那天，我在企業結束演講，駕著僅入手二十六天的新車行駛在北二高時，突然遭到後方來車的猛烈追撞，整個車尾都凹陷了。在這種情況下，我第一個想到的人，居然是賣我車的業務。這個直覺選擇，後來證明是個無比正確的決定。

當時處理交通事故的基本流程很單純，因為對方有投保，修車費用自然會由保險公司理賠。但這位業務卻提出一個我從未考慮過的關鍵：「憲哥，光是修車還不夠，你知道車禍後的『二手車價減損』問題嗎？」他解釋，即使把車修得再完美，二手車市場仍會因為車禍紀錄大幅貶值，他建議我向對方的保險公司爭取這部分的賠償。

面對上法院這種麻煩事，我原本想就此作罷，但他卻堅持要幫我爭取權益，預估至少能獲得五、六萬元的賠償。接下來，他完全超出了業務員的服務範疇，主動協助申請公證鑑定、尋找律師撰寫律師函，而這些前置作業，他分文未收。他只提了一個要求：「憲哥，開庭得請您親自去。」

就這樣，我人生第一次踏進法院，面對對方專業的律師團隊，我只能獨自應戰，前後四次開庭，彷彿走進一個全然陌生的世界。最後結果卻出乎意料，法院判決對方賠償九萬元，遠超過原本預期的五、六萬元。但這件事打動我的地方，不在那九萬元，而是這位賣車業務展現出的專業精神：主動為客戶設想、耐心解說我們不懂的權益、願意投入時間處理繁瑣的準備工作，而這一切，都是無償的付出。

這場車禍，意外把我們的關係從單純的買賣，提升到真誠的信任。直到今天，我買車依然只找他，因為這種難能可貴的服務態度，早已超越了業務與客戶。

信任感的三字口訣：專、密、辛

如果試著用一些理論收納這位賣車超級業務員的做法，我們可以把他在短時間取得我信任感的元素，總結為三個字：專、密、辛。

1 「專」，也就是專業

所謂的專業，不是把自己的工作做好就叫專業。真正的專業，是具備超越職責範圍的前瞻思維。就像這位業務員，他展現的專業不只是把車子賣出去，更重要的是在關鍵時刻，能夠想到客戶想不到的問題。當我的新車遭遇車禍時，一般人只會想到修車的問題，但他立即點出了「二手車價減損」這個專業觀點，為我超前部署。

更難得的是，他的專業知識橫跨了汽車、保險、法律等多個領域，從找公證人評估損失、請律師撰寫法律文件，到指導我如何在法庭上應對，每一個環節都顯示出他對各個領域的深入理解。這種全方位的專業，遠遠超越了一般業務員「把車賣掉就好」的基本思維。

真正的專業，不是常把知識掛在嘴邊，而是在客戶最需要的時候，用專業知識為他們解決問題。這位業務員沒有收取任何額外費用，卻願意投入這麼多心力，這正是專業精神的最好體現。當一個人願意用自己的專業，幫助客戶突破困境時，這種信任感是最自然、也最深刻的。

2 「密」，也就是密集

要建立深厚的信任感，關鍵在於如何在短時間內、高頻率地與客戶互動，讓對方感受到你的用心。就像男生在追女朋友一樣，單靠一、兩次的接觸，是無法打動人心的，必須持續展現關心，才能在對方心中留下深刻印象。

以我遇到的那場車禍為例，事發當天傍晚五點多，我在處理完國道木柵交通分隊的筆錄後，這位業務就已經在中壢交流道等我。他二話不說就先借給我一台代步車，好讓我能順利回家，同時接手處理我的受損愛車。接下來的一週內，他主動打了將近十幾通電話關心我：「筆錄做得還順利嗎？」、「現在感覺還好嗎？」、「保養廠的報價已經出來了。」、「接下來我們該怎麼處理……」這種密集的關心，讓我感受到他比我還要著急想解決問題。

但這裡有個重要前提：不是盲目狂打電話騷擾客戶，而是在對方真正需要幫助的時候，適時地伸出援手。這就是「密集度」的真正用意——**在客戶最需要的時刻，成為那條及時拉住他的繩子**。當你能在關鍵時刻展現這種密集的專業服務，客戶自然會將你視為救命的貴人，未來遇到相似需求時，第一時間就會想到你。

「密集」的三個核心，首先是「時間要短」。如果同樣的十通電話，是在半年甚至一年內陸陸續續打的，那份急迫感和投入感就會大打折扣，但他卻在我車禍後立即啟動處理程序，密集打電話關心和回報，不僅展現專業，還有高度的行動力。

其次是「頻率要高」。當互動頻率提高，客戶就會感受到你是真心在處理他的事情。這位業務員不是等我詢問才有下一步動作，而是主動、密集地與我聯繫，隨時更新案件進度，討論下一步該怎麼走，讓人倍感安心。

最後是「要讓人感覺很拚」。密集的互動必須要有實質內容，不能只是一般的寒暄或敷衍。他每次跟我聯絡時都帶來新的進展，這種密集而有效率的節奏，讓我覺得「他把我的事當作自己的事在處理」。

當客戶感受到業務願意這樣密集的付出時間和心力，自然而然就會產生信賴，進而轉化為長期的忠誠度，這也是為什麼直到現在，我買車依然只找他的原因。

3 「辛」，就是辛苦

要做到「辛」，就不能只是普通的付出，而是願意做到超越他人，甚至超乎常理到瘋狂的地步。最重要的是，這種辛苦必須發自內心，而非刻意表現。

那位賣車業務就完美詮釋了「辛」。記得車禍後，他建議我把車送去Nissan的龍潭廠維修，因為他與廠長熟識，能爭取到更好的維修品質。有一個週日，因為知道我急著用車，他特地聯繫廠長開門讓我們查看維修進度。我更訝異的是，那天他還帶著太太一同前往，在這個本該與家人共度的週末，他們卻願意陪著客戶去看一台維修中的車子。

這就是「辛」的真諦：做得很累、做到很晚、做得很瘋。像是房仲在大雨中奔波帶看房子，或是業務員在風雨中堅持拜訪客戶。就算客戶說：「下雨天不用來了。」但你依然會去，因為這正是展現誠意的最佳時機。

但要特別注意的是，這種辛苦絕不能掛在嘴邊。你永遠不能對客戶說：「你知道我有多辛苦嗎？」因為真正的辛苦，是客戶自己發自內心感受到，而不是靠三言兩語來宣揚，**當你的付出超乎客戶的預期時，客戶自然會被你的誠意打動。**

我的祕密小技巧：常常回報

二〇〇五年，我剛剛開始接盟亞的講師案，對他們來說是個還不太可靠的新講師。當時我接到了一個在高雄的企業內訓，那是還沒有高鐵的年代，如果要從台北趕到高雄上課，要嘛坐火車、要嘛搭國內線飛機，對很多講師來說可能是件麻煩事，我卻利用這個機會，偷偷在公司和客戶心中埋下對我的信任感。

那天一大早，我從中壢先搭車到松山機場，再搭第一班飛機到高雄，當時還是

Nokia手機的時代，一則簡訊要價兩塊錢。但我還是堅持向盟亞負責此案的同事發了一連串的簡訊：

「我準備上飛機了。」

「我已抵達小港機場。」

「準備進教室，還有二十分鐘開始上課。」

課程結束後：「今天課程圓滿結束，準備搭機回台北。」

為什麼要這樣做？因為我懂得換位思考。派案子給我的人一定在想：這個新講師會不會遲到？會不會臨時爽約？課程品質如何？與其讓他擔心，不如用主動回報來建立信任。

這個觀念是我當房仲時學到的。記得某次深夜十二點，我要去杭州南路談一個案子，雖然店長沒有陪我去現場，但他說了一句讓我很感動的話：「文憲，不管幾點，我都在店裡等你。」這簡單的承諾，給了我莫大的安全感，因為我知道，不管遇到什麼狀況，店裡永遠有人支持著我。

我也在那時養成了一個習慣：抵達時，先傳簡訊給店長說「我準備上門了」；完成拜訪後，再告訴他結果如何；就連騎車要回家前，也會報平安。這種回報不是一種約束，而是一種互相照應的默契。

同樣的道理，每次要去找屋主時，我都會提前傳簡訊：「屋主您好，我正從某某地方出發，預計八分鐘後到您家樓下。」這看似小小的動作，卻能展現我們的同理心，因為**回報的本質，就是化解他人的擔憂**。

這個細心回報的習慣，在我後來進入安捷倫時派上了用場。我的直屬主管是位澳洲人，平常住在墨爾本，與台灣有著三個小時的時差。遠距管理對主管來說本來就充滿挑戰，再加上時差的因素，更容易產生溝通的焦慮。

於是我延續了以前的回報習慣，每天早上八點一到公司，我的第一個動作就是發送郵件，向主管回報本週的重點工作進度。而且只要主管有任何問題，我一定搶在第一時間回覆。這種主動、即時的回報，讓遠在澳洲的主管對我愈來愈有信任感，開始放心把更多重要業務交給我負責，因為他知道，在台北有個會主動回報的同事，就是我。

其實，不論是在房仲業擔任業務、還是在跨國企業工作、或是當自由接案的講師，主動回報的習慣都幫助我快速與人建立信任關係。因為本質上，**人都渴望能即時掌握重要的事情，而持續的回報正是最好的解決方案**。

chapter 13

展現人性，而不是完美無缺

一九九六年三月，我與同事郭宏偉都是在信義房屋擔任房仲剛滿一年半的菜鳥。在一個平常的午後，他接到一通特別的來電，對方自稱是曹先生，想看屋主託售給我在中原街的一間房子。當我們到約定地點接他時，直接愣住了——曹先生一行四人排成一列，都是全盲或半盲的視障者。

做為專業的房仲業務，我們受過各種客戶接待訓練，但還真沒人教過我們要怎麼帶視障者看房。看著曹先生夫妻一行人站在公用電話亭旁，我們手足無措，直接跟曹先生坦言：「這是我們第一次帶視障者看房子，也請曹先生多多包涵，如果有什麼需求，我們都會盡力協助。」

進到房子，以前習慣的那一套方法完全無用武之地，帶看的過程和平常也完全不同，一般帶看都是開燈、介紹格局，但這次卻是用「摸」的。我們在旁邊說明方位：「左轉是客廳」、「右邊是廚房」，曹先生的看房方式就像掃地機器人一樣，細細摸過每一處空間、每一個轉角。他的手指就是他的眼睛，透過觸摸，他「看見」了整間房子的樣貌。

看完房子後，我們憂心忡忡，不知道這樣帶看有沒有符合曹先生的需求。幸好，曹先生對我們露出了滿意的微笑，他說這間房子的格局很實用，走道寬敞好行動，而且地點也離他上班的地方很近，對他來說非常合適。幾天後，曹先生決定買下這間房子，他簽約時告訴我們：「謝謝你們用心帶我看房。」我跟宏偉真的非常感動。

深聊之後，才知道曹先生在當兵時因意外失明，之後學習按摩維生，他和太太兩人在林森北路幫人按摩，一次收費約八百到一千元，靠著這樣一天天按摩，夫妻倆竟然存下六百多萬，決定買下一間能安度餘生的房子。

不過，最讓我印象深刻的場景，卻是發生在銀行前的ATM。在正式簽斡旋前，曹先生約我們陪他去領錢，那時我們才二十幾歲，存摺裡連二十萬元都不到，曹先生卻要我們幫他在自動提款機前提領十萬元，而且直接把密碼給我們。

我看著螢幕的餘額，手都在微微發抖，曹先生看不見，卻這樣單純相信我們，把他辛苦存了好幾年的錢，交到兩個剛認識不久的年輕房仲手上。

簽約前一天，我們也陪同去中華銀行，行員看我們幫曹先生蓋章，特別問：「請問你們是？」

「我們是信義房屋的經紀人。」我說。

行員轉向曹先生確認：「曹先生，這位先生幫你蓋的章，金額是一百六十萬元，沒問題嗎？」

「對對對，沒問題。」曹先生讓行員確認他的身分證。

那個畫面永遠印在我腦海裡：一個看不見的人，卻願意用全部的積蓄，來相信一個他看不見的陌生人。

在跟屋主簽約時，屋主先生還天真地問：「曹先生是盲人，他怎麼看房子？」

我們一時半刻也說不清楚，只是笑著說：「曹先生和太太很喜歡這間房子、很有緣。」

這個案子後來成為信義房屋的經典服務案例，公司特地用錄音機記錄簽約過程，並請律師現場見證，從此之後，本案例成為服務視障者的範例。而對我們來說，這不只是一筆業績，更是一次難得的人生啟發，讓我體認到，**做業務這一行，沒有什麼比誠信、誠實更重要的品行**。

當初面對曹先生時，我們選擇坦承自己從未帶過視障者看房，這份誠實反而成就了雙方的信任。若是虛張聲勢說自己經驗豐富，反而可能弄巧成拙。正是因為這份坦白，讓我們能以最真誠的態度互動：我們細心引導，他耐心感受，最終找到了最適合的家。

有時候承認自己的不足，反而能創造更多可能。真誠相待，不只能化解彼此的隔閡，更能加深關係，這也是建立信任感的重要關鍵。

再怎麼好，也別好到不像真的

在建立人與人之間的信任關係時，最基本也最重要的，就是要讓對方感到安心。其中有個很大的重點，就是不要刻意把自己塑造成完美無缺的形象。就像我，我在課堂上總是直來直往，甚至會直接在課堂上責備亂答題的學員，或是開玩笑說出「吃大便啦！」、「屁啦！」這樣有點不雅的字眼，這就是我的個人特色。有人欣賞這樣的風格，也有人不以為然，但這都不是重點。重要的是，**當你試圖討好所有人，反而容易失去與他人建立真實情感連結的機會**。

說實在話，這世界上哪裡有完美無缺的人事物？不管是我們做為人會有缺點，我們賣的產品也不會是一百分，我們手上的每一份合約、銷售過程，肯定都會有不完美的地方。儘管「成交」絕對是每一個業務心中的目標，但也不能因此刻意把產品說得完美無缺，在銷售過程中適度運用話術來引導固然可以，但絕對不能有欺瞞的成分。特別是在房地產這類重大交易時，如果房子有瑕疵卻刻意隱瞞，就可能讓客戶蒙受龐大的損失。

更何況，在人類的心理學裡有個奇妙的機制，就是我們通常會對有缺陷的事物更有好感，所以適度展現自己的小缺點，反而能增進對方的信任。我在課堂上就常常舉一個例子：某一天，我的 Facebook 突然收到一則好友邀請，點開一看，是個超級正妹的帳號，更讓人意外的是，她居然主動傳訊息過來，而且內容相當露骨曖昧。這種情況，你說我要加還是不加？當然是立刻按下「拒絕」啊！因為這種天上掉下來的豔遇，十之八九都是詐騙集團的圈套。

但反過來，我們也可以偶爾展現一點自己的小缺點，來獲取對方的信任。例如在跟客戶互動時，偶爾出點小糗，帶看房時不小心踩到自己的鞋帶、在電梯裡忍不住打了個大大的哈欠，或是迷糊把自己最愛喝的珍奶忘在路邊，這種小插曲，反而讓專業形象多了幾分人味，拉近了與客戶的距離。客戶會覺得：「這位業務平常表現得這麼專業，但其實也跟我們一樣是個平凡人嘛！」正是這種「不要好到不像是真的」的真實感，有時反而成為建立信任的橋梁。

所以，建立信任的關鍵是：**不要只展現完美的一面，偶爾也露出無傷大雅的小缺點**。像我總是很坦然承認：我老了、頭髮掉了、皺紋增多了、肚子也大了，這有什麼關係呢？每個五十幾歲的男人不都差不多這樣嗎？有趣的是，當我這樣真實展現自己，反而有人覺得更親切，因為他們也有同樣的困擾：「啊，我的肚子也很大」、「我的頭髮也很少」，就這樣產生了共鳴。千萬不要把自己塑造成完美人設，愈是跟真實的你有落差，愈是容易人設翻車。

這個道理同樣適用於職場。想像一下，當你在向客戶推薦產品，或是向主管提出企劃案時，如果不斷強調「這是最完美的解決方案」、「所有客戶都在使用」、「各項規格都是業界最佳」，反而容易引起對方的質疑，他可能會想：「如果真的這麼完美，為什麼還需要特地推銷？應該早就供不應求了吧？」因此，在銷售時的重要原則是：要讓產品或服務保持在一個「足夠好，但不會好到不真實」的程度，反而更容易取得客戶的信任。

在說服他人時，一直強調「我很厲害，所以你們要聽我的」這種話，通常只有小朋友才會買單；相反的，適時展現一些無傷大雅的小缺點，反而能讓聽眾更願意接受你的觀點。

我常在演講或授課開始前，放一張我與連戰前副總統在總統府的合照。但我不會刻意強調這種「大咖」身分，反倒幽默地說：「民國八十七年，我很榮幸獲得連副總統的邀請合影，不過我要特別澄清，是連戰牽我的手，不是我去牽他的。」這樣的自我調侃不僅讓現場氣氛輕鬆自然，也不著痕跡地建立了專業形象。

另一個例子是我分享自己十三年的廣播經歷時，總會坦然提到：「我曾連續三年申請廣播金鐘獎都沒入圍，好不容易第四次入圍，卻依然與獎項擦身而過，到了第五年又再度落榜，於是我決定『斷捨離』，不做廣播了。」當我真誠分享這些失敗經驗時，通常都能引起聽眾的共鳴，因為誰沒有經歷過挫折呢？

這也告訴我們，適時展現自己的不完美，反而是建立真誠關係的完美起點。

好的說服力，理性、感性兼具

在桃園中壢，提到知名社區，人人都會想到海華特區。但從二〇二四年開始，我所居住的龍騰富御社區也在這片天空下，畫出了屬於自己的一道光芒。做為新官上任的社區主委，我善用多年來的銷售經驗，透過一次精心策劃的簡報，成功讓我們得到二〇二四年桃園市政府「桃園市優良公寓大廈」的社區金獎。

要在多如牛毛的建案中脫穎而出，絕對不是一件簡單的事，於是我拿出「專業」與「溫暖」兩把刷子，決定讓這場簡報不只要展現實力，更要觸動人心。

簡報當天，我先做的第一件事，就是按下音樂播放鍵：「在開始之前，讓我先播放一段廣告。」當年我為建商錄製的廣播聲在簡報室迴盪，我觀察著評審們略帶訝異的眼神，知道自己成功抓住了他們的注意力。

接著，我以一棵五十年茄冬樹的照片為引，展開了「樹木、樹人、樹心、樹桃園」四個篇章。首先談環保時，我不是空泛地說節能減碳，而是具體分享我們與中原大學合作，一步步找出社區「用電怪獸」並加以改善的過程。說到社交活動，我沒有盲目模仿海華特區引以為傲的封街烤肉，反而選擇另闢蹊徑：「我們邀請廠商現場烤山豬，讓住戶不必忙著生火顧爐，只需開心享用美食，而且費用由社區全出！」

在展現溫暖的同時，我也沒有忘記理性的專業面向，社區管理不能只靠漂亮的口號，更需要扎實的數據支撐。我向評審展示詳實的財務報表，從每月現金流到存款狀況，從電梯保養到機電檢查的合約內容，一一說明。最後，還放上一張我在中壢青年局演講的現場照片，當天市議員彭俊豪全程參與，更加凸顯了我們社區的影響力。

結束前，我改編了一句名言：「不要問桃園為我們做了什麼，而要問我們能為桃園做什麼。」就這樣，透過一個個真實動人的小故事，搭配清晰的數據與完整的合約內容，並且用一句有力的金句結尾，我將龍騰富御最真實的樣貌，透過銷售思維呈現在評審面前。

這次的簡報果然讓社區脫穎而出，我更加確信：當我們向他人銷售或推銷某一個產品或點子時，**一定要兼顧「專業」的實力，但同時也別忘了帶點人性的「溫度」**。我們不必完美無缺，但我們可以與眾不同。

chapter 14 開發要裝老，銷售要裝小

我的好朋友 Spencer 曾跟我說過一個有趣的故事。他以前在一家做觸控面板的科技公司當副總，專門替大品牌代工。有一次，他帶著兩位業務經理飛到北京談一筆高達兩百萬美元的大案子，想不到對方見面一開口，就拋出一個極為嚴苛的條件：要求降價一五%，否則免談。

Spencer 當然不能退縮，因為這個條件已經遠遠低於公司的底線，但他也不能掉頭就走，因為丟失這筆兩百萬美元的大單，很可能嚴重打擊公司今年的營收。而對方的談判團隊幾乎清一色都是大陸人，只有一個台灣來的高層。這位台灣主管雖然與他是老朋友，卻不是這個案子的決策者，但是見到熟人，心裡還是踏實一點。

接著，整個談判過程漫長得像一場馬拉松，從早上八點開始，雙方就這樣關在會議室裡，從日正當中一直談到月亮升起，連晚餐都只能在會議室裡吃便當簡單打發。對方始終硬頸，就是那句老話：「不降一五%，你們就不用再來了！」

本來以為僵局要持續下去，沒想到峰迴路轉，晚上十點左右，對方竟然軟化了，二話不說就簽了原價的訂單。這個出人意料的轉折讓 Spencer 一頭霧水，搞不清楚到底發生什麼事，直到回台兩個月後，他在一次聚會上又遇到那位台灣主管，才知道這單生意成交的真相，竟然是 Spencer 手上那只樸實的卡西歐（CASIO）登山錶 Pro TREK！

原來，那天晚上在北京，就是這位台籍主管向負責的高層分析：「你有沒有注意到，這個副總雖然穿得人模人樣，但手上戴的卻是一只不到一萬元台幣的卡西歐登山錶，這樣的人應該不是在跟我們耍花樣，如果真的能降價，早就降了。」沒想到這樣一說，竟然戳中了對方的心。

想想也是，一個大公司的副總不戴勞力士（Rolex），不戴百達翡麗（Patek

Philippe），反而戴著運動錶，看起來就特別老實。聽完這個故事後，我突然想通一個道理：很多人都以為談生意必須穿名牌西裝、戴名錶、開名車才能展現實力，但有時候反其道而行，展現自己真實樸實的一面，反而更容易贏得對方的信任。

不是穿上西裝就會變厲害，適時裝菜鳥

根據我多年的業務經驗，歸結出一個法則：「開發要裝老，銷售要裝小。」意思是說，當你要找企業主或高階主管談合作時，必須展現老練幹練的一面，讓對方願意把重要的業務交給你處理。但在面對終端客戶、推廣產品或服務時，反而平易近人的態度更容易打動人心。

舉例來說，如果你要向企業爭取成為他們的長期合作夥伴，或是要向廠商爭取代理權，這時就需要展現專業幹練的形象，讓對方相信你有足夠的實力和經驗來勝任這個角色。但當你在向消費者推薦商品，或是服務客戶時，表現得太過精明反而

容易引起對方的戒心，不如以真誠親切的態度來建立信任感。

這讓我想起三十年前當房仲時的光景。那時候的業務員沒人敢不穿西裝出門，就算大熱天騎機車跑業務，也得忍受汗水浸透襯衫、被領帶勒得喘不過氣的不適。我們以為，這樣的形象才能展現「專業」。但這幾年的風氣完全不同了，現在不少房仲團隊，從店長到經理，改穿輕便的 Polo 衫配卡其褲，這樣要幫客戶檢查房屋漏水時，反而更方便蹲下來仔細察看，讓客戶感受到你的用心與親切。

這讓我想起我的好朋友 Grace 分享的一段買房經歷。當時她和老公打算在高雄市立美術館附近找房子，看了好幾間都不太滿意。他們的看房策略是，由老公在網路上找物件，然後打電話預約，兩個人再一起去看房。

有一天，他們又去看一間透天厝。開車到現場時，老公突然說：「咦，這間房子我們是不是看過？」Grace 想了想：「都來了，就再看一次吧！」這一看，卻發現了有趣的事。上次帶看的是個老練的女房仲，說話滴水不漏，但總讓人覺得哪裡怪怪的，這次接待他們的卻是個看起來靦腆的年輕人，一副菜鳥模樣。

讓 Grace 印象深刻的是，這位年輕房仲一開始就直白地說：「先跟您說一下，這房子後面是增建，如果哪天要被收回去，排水系統可能要自己重新處理。」這個直白又坦誠的說明反而打動了 Grace 的心，畢竟上次那位經驗老到的女房仲可沒提到這件事。

在那之後，Grace 決定改變策略，不再透過老公找房子，而是直接跟這位年輕房仲溝通自己的找房需求，最後，Grace 真的透過這位年輕房仲買到了心目中的房子。後來才知道，他居然是這位年輕仲介入行後第一位成交的客戶！這位當年的菜鳥，現在已經做到了店長。

這個故事印證一個道理：**信任感不是裝出來的，而是在自然互動中產生的**。有時候，真誠但經驗不足的人，反而比老練但刻意營造形象的人，更容易獲得客戶的信任。就像 Grace 說的：「當對方太老練，你反而會提防，深怕他設了什麼陷阱。但一個坦誠的菜鳥，老實把房子的情況一五一十說了出來，反而讓人覺得踏實。」

但是要記住，「裝小」不等於不專業。一個厲害的業務，要懂得看場合：跟房東談生意時展現專業幹練的一面，讓人家放心把重要的事情交給你；帶客人看房時就表現得親切一點，讓人家覺得你不會耍花招。這種拿捏，考驗的就是一個人的EQ跟專業判斷。

別當能幹的機器人，找到自己的個人魅力

你可能會問我：「什麼時候該展現專業？什麼時候該表現親和力？」我的經驗是這樣：第一次見面或是重要場合，一定要先展現「能幹」的一面。比方說，當你第一次接觸客戶，或是在重要會議上發表，這時候就是展現專業能力的好時機。但展現專業不是要擺架子，而是要讓對方感受到「找你就對了，你有能力解決他的問題」。

當客戶對你的專業有信心之後，你還要懂得在適當時機展現溫暖。舉個例子，當客戶在抱怨或是遇到困難時，這時候就不能只是冷冷地說：「好，我會處理。」

而是試著像朋友一樣去感受他的情緒，也許是一杯咖啡，一個真誠的眼神交流，或是一句「我懂，我之前也有過這些困擾」，往往比專業但制式的回覆更有用。

還記得我曾經說過「不要好到不像真的」嗎？不要覺得自己一定得展現出完美無缺的明星業務形象，偶爾製造一點反差，也能令人印象深刻，快速拉近你跟客戶之間的距離。

很多學生都知道，我有時候會背一個 Hello Kitty 的背包去上課，很多人會覺得奇怪：「憲哥這麼大隻，怎麼會背一個 Hello Kitty 的包包？」但其實，這是許能竣的公司跟故宮聯名推出的 Hello Kitty 背包，用青花瓷做為設計風格，呈現出故宮中的經典文物。

當時這個包包要價兩千八百元，老實說我覺得有點貴，而且想到我這個大叔背 Hello Kitty，感覺怪怪的。沒想到班上的同學看到我背這個背包，很熱心發起團購，一口氣就賣掉好幾十個，他們對我說：「憲哥，你平常演講時氣場太強了，背個 Hello Kitty 背包剛好可以平衡你的殺氣。」

這其實也是一種平衡「專業」與「溫暖」的好方法。我的收入的確可以支撐我背個好幾萬元的名牌包來展現專業形象，但有時候，一個反差的造型反而更能拉近距離，而且正是這種反差，讓我創造更多跟客戶、朋友間閒聊的話題。

有時候一個看似不搭調的形象，反而能創造意想不到的效果，因為人往往記得的不是你說了什麼，而是你給人的感覺。這個 Hello Kitty 背包，意外幫我在「專業」的形象中加入一點「溫暖」的印象，甚至有點幽默的色彩。

我們是人，不是機器人。即使專業再強、表達再精準，如果缺少了人性的溫度，就很難打動人心。正是這種人性的特質，才造就了每個人的獨特之處，也成為你做為自己這個「個人品牌」，最珍貴的資產。

就好比一樣上銷售思維的課程，我教的專業內容不會跟其他講師差太多，但為什麼學員更喜歡上我的課？因為除了專業，我更注重展現真實的自己，我會分享自己做業務的挫折，分享自己罹癌、投資失敗的低潮，有時候也會講講生活中的趣事，甚至連背個 Hello Kitty 背包這種「不搭」的形象，都成了我個人品牌的一部分。

每個人都有自己獨特的特質，有人表達細膩，有人思維敏捷，有人擅長說故事，這些看似微小的差異，正是打造個人品牌的關鍵。當你願意展現真實的自己，這種獨特性會在專業之外，成為你獨一無二的競爭優勢。

現在很多人急著要建立個人品牌，但究竟應該怎麼做？從哪裡開始？在下一部中，我將以銷售思維為引，帶出建立個人品牌的關鍵思維，以及「專業」、「溫暖」與「一致性」如何延伸至個人品牌的經營。

其實，還是那句老話，做業務就是學做人。只要會做人，賣東西也好、賣「自己」也好，就算做不成周杰倫，也一定可以讓人記得你。

憲哥復盤

1. 被客戶信任能帶來第一次成交，但要持續交易就要讓客戶喜歡上你。
2. 讓合作夥伴和客戶感受到「我是被看見的，我是重要的」。
3. 打造強大的個人信任，就不再只是一個業務員，而是客戶生活中的重要夥伴與顧問。
4. 在客戶需要的時候，用「專業」協助、「密集」回報、展現出「辛苦」與誠意，就能快速建立信任感。
5. 回報是同理心的展現，化解他人的擔憂。
6. 承認不足更有人性，拉近彼此的距離。
7. 試圖討好所有人，反而容易失去與他人建立真實情感連結的機會。

PART 4

影響力——
用銷售思維驅動個人品牌

chapter 15

打造獨一無二的你自己

做了那麼多年的業務工作，我都是在向客戶推銷產品，後來成為專職講師，也要向企業主或學生們銷售自己的專業，但我萬萬沒有想到，有一天可以做到不用刻意「銷售」，就能把出版社的線下活動、老戰友王永福（人稱福哥）的線上課程，甚至好朋友公司推出的豆漿，全部賣得嚇嚇叫。

下面這三件事，全都發生在二〇二四年。從二〇二三年十月開始，我跟天下文化出版社合作「書房憲場」的Podcast節目，邀請來賓一起聊書，談談書與人生的智慧。二〇二四年我靈機一動，向天下文化的行銷同事們提議「棚外開講」的實體售票活動，總計四場，每場售價兩千兩百八十元。對出版社來說，這樣的活動形式前所未見，也不確定票房如何，但我很篤定地跟團隊說：「我們來賣套票吧！一套四場活動，綁定ＶＩＰ價六千八百八十八元，我保證至少賣得出六十張。」

果不其然，這六十張套票一上架就被搶購一空，團隊不得不加開到八十張，最後還多賣了兩張，整整八十二張套票全部完售！而後續每場活動都還能賣出約四十張單場票，把活動現場的一百二十個位置全部售光。

第二件事，則是我的老戰友福哥在二〇二四年推出「簡報的技術」線上課程，這套課程精華了他畢生的簡報功力，而且用超高規格來錄製，課程的售價也不便宜，十小時的課程要價七千九百八十元。當時，我在社群上特地發了一篇文章幫他宣傳，支持一下多年來的好夥伴，沒想到這一篇文章竟然吸引了一千四百九十一個人購買線上課程，成為福哥所有推薦人裡面的銷售冠軍！這個好成績連我自己都嚇一大跳。

第三件事更好玩了，一樣在二〇二四年，我的好朋友吳家德邀請我推薦他公司新推出的豆漿，我自己剛好有在健身運動，實際喝過之後也覺得確實不錯，就在

Facebook 上分享了一篇開箱文。我原本設想，可以賣個三百箱（一箱有二十四罐）就很不錯了，一年兩檔，最後竟然賣出八百多箱，銷量直逼帶貨網紅。

回想這一連串的經歷，我既沒有特別行銷，也沒有砸大錢做廣告，不過就是在自己的 Facebook 上發一篇文章，或是在我粉絲的 Line 群裡傳一則訊息而已，怎麼會有這樣神奇的「帶貨力」？答案其實就藏在「個人品牌」裡。

這些年來默默耕耘的成果，讓消費者看到我推薦的東西，自然就會產生信任感。這種不用硬推銷，卻能創造好業績的經驗，讓我更加體會到經營個人品牌的重要性。當你有能力建立起夠強的個人品牌，就能**在不知不覺中影響他人，進而創造意想不到的價值**。

什麼是個人品牌？記住一條公式

在講怎麼經營個人品牌之前，我們應該先想想：什麼樣的人，可以算是擁有個人品牌？當我們清楚定義了之後，就可以更了解後續的做法。我先講坊間的定義，如果你翻開行銷類的教科書，上面對個人品牌的解釋是：「一個人才能、專業、經驗、個性、價值觀、信仰、名字、標誌、聲音、風格、聲譽、形象的綜合呈現。」但老實說，這麼繁瑣，如果沒有做小抄，期末考時你肯定背不起來。

亞馬遜（Amazon）創辦人貝佐斯（Jeff Bezos）講過這句話，我覺得比課本上說的更簡單：「一個人的品牌，就是當你不在場時，人們對你的看法。」我滿認同這樣的觀點，但我想在這樣的定義上再加一個「你在場」時可以觀察到的，那就是在不提示的情況之下，你會想要主動跟這個人合照，而且進一步上傳到社群媒體，就代表這個人是一個「咖」。

如果我到一個場合演講，要求聽眾拍照上傳到社群，甚至還說一句：「一定要Tag我的名字喔！」這就代表我的個人品牌很弱，需要刻意為之。成功的個人品牌必須要能驅使別人主動願意跟你合影，不是說：「來喔、快喔、趕快跟我拍照。」如果是周杰倫，別說拍照上傳到網路，願意花天價買這種機會的人，可能都排隊排到看不見盡頭。

總結來說，我對個人品牌的正式定義是：「**一個人傳達的形象跟價值觀的總和**。」形象包含他的穿著談吐，價值觀則是他的信仰與信念。例如，我的形象很可能是心直口快、會把「屁啦」掛在嘴邊的大肚子中年大叔，上課還會穿運動鞋，而我的價值觀則是「麥克風加信念可以改變世界」、「一千個想法不如一個行動」、「人生準備四〇%就先衝」、「人生沒有平衡只有取捨」等，這些加總起來，就刻劃出一個很真實、不虛假、很鮮明的「謝文憲」個人品牌。

最後我歸結出一個公式，可以代表我經營個人品牌一路上的做法：

（專業形象＋價值觀）×一致性＝個人品牌

要專注在自己的專業領域，不要今天做這行、明天換那行，我看過太多人東換西換，結果樣樣都不精通。同時，你的價值觀和做事原則也要前後一致，喜歡就是喜歡，不喜歡就是不喜歡，不要像牆頭草一樣隨風擺盪。

或許有人會說：「專業形象找人包裝不就好了嗎？」沒錯，很多政治人物或明星就是這樣做，但問題在於，包裝是一時的，要維持「一致性」卻是一輩子的功課。所以我們常常看到有人「人設崩塌」，說白了就是沒有保持一致性。

現在很多人迷信流量，以為粉絲從一萬漲到十萬，個人品牌就變強了。老實說，追求流量沒有錯，但我常提醒自己：來得快的，去得也快，就像煙火一樣，再漂亮也只是一時的。要衝高流量其實很簡單，只要做點標新立異的事，或是搞個誇張的噱頭，馬上就會有流量，但要讓這些流量變成忠實粉絲，卻是難上加難。

我常問自己：「除了流量之外，有什麼更值得追求的東西嗎？」流量就像流水，來得快也去得快，但顧客的信任、粉絲的支持，才是真正珍貴的東西。所以我的想法很簡單：與其費心經營粉絲，不如把時間花在提升自己上。當你變得更強，真誠做自己，持續精進，有更好的內容能夠分享，真正的粉絲自然就會被你吸引，這比追求短暫的流量更有價值，**因為只有真材實料，才能讓人願意長期追隨你。**

chapter 16

個人品牌是條漫漫長路

我並非從一開始就建立個人品牌。我的職業生涯是這樣的，一九九一年，我因為免除兵役，逢甲大學企管系畢業後就進到台達電子當人資部的專員，後來一路到二〇〇六年這十五年間，又陸續在中強電子、信義房屋、華信銀行與安捷倫等公司服務，中間有十二年時間都是在做業務。

在這十五年裡，我有做個人品牌，但做的不多，因為在大企業的保護傘下，個人品牌最大的功能就是幫你提高業績，累積一些忠誠客戶。

回想起一九九四年的秋天，我剛加入信義房屋沒多久，做為一位菜鳥房仲，我每天在台北大安區、中正區一帶來回奔波，看著一棟棟的公寓大廈，心裡總是充滿期待與焦慮。「要怎麼讓客戶認識我呢？」這個問題一直在我腦海中打轉，直到有一天，我忽然靈機一動，決定製作一張簡單的Ａ４傳單，上面寫著自己的簡短經歷，再放上自己的照片。我記得當時坐在辦公桌看著印好的傳單，既期待又忐忑不安，騎上我的摩托車，開始挨家挨戶把傳單投進信箱裡。

幾天後的一個早晨，公司電話響起。「請問謝文憲先生在嗎？」電話那頭傳來一位女生的聲音，當值班同事轉告我這通電話時，我簡直不敢相信自己的耳朵，因為這是第一次有客戶指名要找我！雖然按照公司規定，值班人員有優先接單的權利，但因為客戶點名要找我，這個案件就轉給了我處理。

就這樣，我的「個人品牌」，隨著那簡陋的傳單開始在臨沂街一帶傳播出去，加上我很認真對待每一位客戶，時間過去，指名找我的電話愈來愈多，業績也逐漸成長，為我日後拿下信義房屋最高榮譽「信義君子」獎項，甚至升任店長，奠定了扎實的客戶基礎。

現在想起來，那張Ａ４紙雖然簡單，卻是我打造個人品牌的原點。

現在時代變了，騎著機車挨家挨戶把傳單塞進信箱的情景，已成三十年前的往事，現在的年輕業務員不用再像我們當年一樣，頂著大太陽到處發傳單。但這個社會還是一樣考驗著每個人的生存本事，只是戰場從馬路轉到了網路，不管是Facebook、Instagram，還是YouTube或短影音，說穿了都是在幫自己打響名號。

直到二〇〇六年，我開始跳脫常軌，轉換為自由接案的職業講師，更加需要個人品牌的力量，讓我能在沒有知名課程產品、沒有大品牌的情況下，為自己撐開一把大傘，用自己的名聲與專業，殺出一條生路。

我先是開始寫部落格，從二〇〇六年七月起，在雅虎上寫文章，後來轉移到痞客邦，主要記錄我的課後心得以及一些社會觀察，一直經營到二〇一二年才把重心轉到Facebook上。十餘年下來我總共發表了七百七十二篇文章，但累計也才六十幾萬人次瀏覽，以當時部落格的興盛程度來說，這樣的瀏覽量真的不算什麼。

我個人品牌真正邁向大眾的起點，我認為是出書。二〇一一年，我其實工作忙得不可開交，每個月都講課近百小時，但我決定看遠不看近，從工作中抽離，一邊去讀研究所，一邊開始寫我的第一本書《行動的力量》。

說起來雲淡風輕，但你可以試著問問自己，你有沒有勇氣、願不願意放下手邊正在大好的事業，降低工作量、放掉賺錢的機會，去做一件不賺錢而且很累的事——出書？如果嘴巴上說著自己想要經營個人品牌，卻**不願意割捨當下賺錢的機會，撥出時間跟精力去做有更長遠價值的事，就不可能在個人品牌上有所斬獲**。

平衡跟取捨本來就是最難的事，雖然寫書是一件很累人的事，可是如果沒有這件事的奠基，我很可能不會有今天個人品牌的成果。例如，如果不是因為出書，我很可能沒辦法在二〇一三年被邀請在《商業周刊》寫專欄，讓我從一個只在業界小圈圈裡略有名氣的講師，第一次站上大眾的舞台接受眾人檢視。商周專欄瀏覽量大、酸言酸語也很多，每次文章一出，就會吸引大批網友批評謾罵，但也正是因為挺過那五年，現在不管誰批評我，我都不痛不癢，反而喜歡批評的聲量，因為寫得愈多，罵得愈多，就會有愈多人聚過來看熱鬧。

在這之前，我的企業內訓都是透過經紀人接案，他們負責銷售，我負責授課，利潤分成。二〇一三到二〇一四年，我專注在「說得動」和「寫得動」這兩個面向。真正的突破是在二〇一五年，我開始走入個人收費演講與課程的領域，而且堅持只接收費的邀約。

記得我人生前兩場破兩百人、千元以上的收費演講，是由「大人學」主辦，邀請我擔任當天的演講者，票價一千兩百元，竟然吸引了兩百人參加，現場大爆滿。後來，朋友又陸續幫我辦了幾次活動，連續幾場演講都非常搶手，甚至有人抱怨「搶不到票」，這樣的市場反應正是個人品牌帶來的效應。

二〇一四年，我和福哥、周震宇決定自己來開辦課程，共同打造出爆紅的「超級簡報力」課程，定價三萬二千元，一開放報名就秒殺，也讓我與福哥決定一起創辦「憲福育創」公司，專門開設高價值的專業課程，這也開啟了我個人品牌事業的新高峰。

平凡人，也能打造個人品牌

也許你會說，憲哥，我只是一個平凡人，也可以打造我的個人品牌嗎？我的答案是，可以。還記得我們說過個人品牌的定義嗎？

（專業形象＋價值觀）×一致性＝個人品牌。

每個人都可以在自己的職場上建立專業形象，每個人也都可以有自己的價值觀，而維持一致性更是與名氣無關，所以，人人都可以打造個人品牌。即使你沒有要成為大明星、沒有要當網紅，只是想在自己的領域中，透過個人品牌的思維，在他人眼中建立起好的形象，這也是個人品牌可以達到的效果。

打造個人品牌是為了讓別人有機會記得你，在日常生活或職場中都可以運用個人品牌思維。你不必事事做到完美才能鶴立雞群，有時候可以把自己身上的「小缺點」轉換成「記憶點」，反而也有奇效。

像是我前面提過的朋友Grace，她有一副菸酒嗓，可能是很多女生感到困擾的特質，但她卻把這件事當成自己的招牌，每次自我介紹時，她的開頭一定是「大家好，我是天生菸酒嗓的Grace！」她接納自己的聲線，把它變成個人品牌的一部分。

還有我的另一位學員「卡姊」也是一例，她練得一身精湛的鋼管舞，身上還有刺青，她完全打破了傳統對商業講師的觀念，把鋼管舞的元素融合進課程中，為學生帶來新的觀點與學習，這就是她在摸索自我品牌的過程中，找到了最適合自己的定位點。

最重要的不是要多好，而是要夠特別。當你經營個人品牌的時候，記住一個原則：**與其更好，不如不同**。在這個資訊爆炸的時代，能讓人記住的往往不是最好的，而是最特別的。

chapter 17

用行銷漏斗，開啟客戶的價值旅程

如果你去菜市場買菜，一定都看到過這樣的景象——老闆站在攤位前使勁吆喝：「來來來，今天的水蜜桃特別甜！」路過的人潮不少，停下來看的人也很多，但最後真的拿錢買的，卻沒幾個。

這跟經營個人品牌的困境其實一模一樣，社群上的按讚數、追蹤人數看起來都不錯，但要是辦實體活動，願意實際掏錢的人，往往比預期的少。這種「看得到，吃不到」的感覺，大概每位創作者或專業人士都體會過。

「粉絲很多，錢卻很少」其實是轉換率的問題。我在經營個人品牌的過程中，慢慢發現一個規律，從「吸引注意」到「實際付費」，中間有一個龐大的流失率，從我辦實體演講的經驗累積觀察，如果希望活動當天有一百二十個人來參加，那麼至少要有一千兩百個到三千六百個粉絲基礎。這個只有三%至十%的轉換率說明了，要讓「按讚」變成「付費」，絕對不是件容易的事。

很多人都問我：「要怎麼提高粉絲的轉換率？」光靠專業實力是不夠的，一位粉絲從認識你到成為你的忠實支持者，通常會經過以下五個階段：

第一階段是「我聽過你」。這就像是在茫茫人海中，他們第一次看到你的名字，可能是在朋友的分享中，或是在某個平台上偶然看到你的文章。這時候你對他們來說，就只是個「好像在哪裡聽過」的名字而已。

第二階段是「參與訂閱」。當他們覺得你說的東西有意思，或者你會提供實用的內容，就會開始追蹤你的社群、訂閱你的頻道。但這時候他們還在觀望，還在評估你的內容是否真的有價值。

第三階段是「訂單轉換」。這是一個重要的轉捩點，他們開始願意掏錢買你的產品或服務。可能是買了你的書、報名你的課程，或是參加你的實體活動，這代表他們已經認同你的專業價值，願意付錢購買你提供的服務。

第四階段是「興奮提升」。這時候他們不只是單純的顧客，而是開始會主動參與你的生活，你要把這些粉絲當成朋友一樣，不只是單純的商業行為，更是心靈上的支持。

最後一個階段是「擁護推廣」。這是最珍貴的階段，他們變成了你的品牌大使。不管在哪裡聽到別人提到相關話題，都會主動推薦你。他們不再只是支持你的產品，而是認同你的理念和價值觀。

我把這個過程稱為「粉絲的價值旅程」，就像是一段感情的發展過程，從互不相識到逐漸了解，再到全心支持，每個階段都需要用心經營，不能期待一夜成名。你要讓粉絲在這段旅程中，不只看到你的專業能力，更要感受到你的真誠。這樣做的好處是什麼？**當粉絲覺得你是個真實的人，而不是高高在上的「大神」時，他們反而更願意支持你**，因為他們相信，你不只有專業，更重要的是，你懂他們的需求，理解他們的煩惱。

圖表 7　粉絲的價值旅程

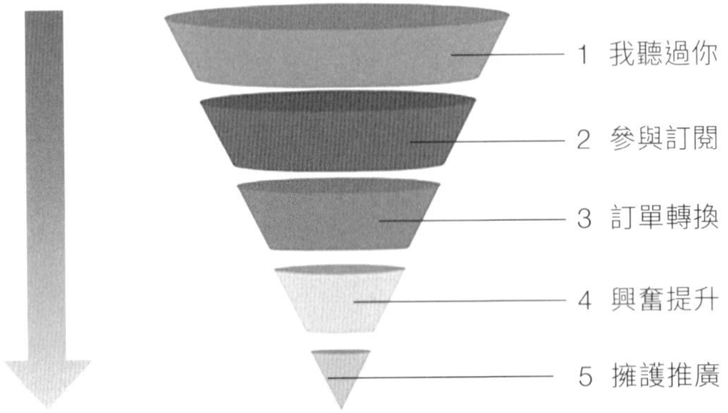

第一階段：我聽過你

如果發現你的粉絲或客戶很少，問題往往出在最基本的曝光度上：接觸到你的人太少了。所以在價值旅程的第一步，最重要的就是讓更多人「聽過你」。

要怎麼做呢？其實方法很多，就看你怎麼善用每個接觸機會。比方說，參加活動的時候，主動跟身邊的人聊聊天、交換名片；多參加一些社群聚會，讓朋友有機會提到你；或是投資一些SEO廣告、接受媒體採訪，增加自己的曝光度。

一般說到流量來源，可以分成三大類：

POE（Pay、Owned、Earned），讓我跟大家分享這三種管道的特色，以及我這些年的心得。

第一種是付費流量（Pay），就是花錢買廣告。現在打開 Facebook，一天至少看到十個線上課程在打廣告，這種方式最直接，只要口袋夠深，誰都可以做，當你要出新書、辦活動的時候，買些廣告曝光也是必要的。

第二種是自有媒體（Owned），就是經營自己的社群平台，像是 Podcast、YouTube、Facebook、Instagram 等。這條路並不好走，我還記得剛開始經營自媒體時，我先從家人親戚開始拜託按讚，好不容易才有一百位追蹤者，從一百位增長到一千位，再到一萬個，最後到十萬個追蹤，我整整走了十五年。

第三種是贏得媒體（Earned），也就是別人主動幫你宣傳、分享。比方說《遠見雜誌》、《商業周刊》來採訪你，這些都是你靠實力「贏得」的曝光機會。當你真的做出成績，自然會有媒體主動找上門，幫你寫報導、分享文章，讓你的知名度不斷滾動成長。

現在是網路時代，我建議可以先從「空戰」做起，也就是經營網路社群。我個人建議「先付費流量＋贏得媒體，最後再做自媒體」的順序，一開始可以適度買些廣告增加曝光，同時把握媒體採訪的機會，最後把這些流量都導回你的自有平台，慢慢建立起自己的私域流量。因為時間和資源都有限，與其到處跑活動，不如先把重點放在提升網路知名度，等有了一定基礎再慢慢發展實體活動。

我看過很多人喜歡在知名網紅的貼文下留言，或是不斷在自己的文章裡標注別人，這種做法沒有不對，畢竟這是讓別人注意到你的第一步。雖然被標注的人不一定會記得你是誰，但有做總比沒做好。

老實說，在這個資訊發達的時代，已經不存在「懷才不遇」這回事了，如果你真的有實力，不可能永遠被埋沒。我常開玩笑說：「懷才就像懷孕一樣，時間久了一定會被看見。」只要你經常出現在人們面前，而且掌握一項別人沒有的專長，就一定有出頭天的機會。

不過我要特別提醒一點：千萬不要人云亦云，看到別人做什麼就跟著做。這樣只會讓自己變成芸芸眾生中的其中之一，甚至成為別人斂財的對象。**與其跟風，不如想辦法走出自己的路**。我常說「人多的地方不要去」這個道理在現在依然適用。

第二階段：參與訂閱

必須先提醒一件事，「參與訂閱」是先做到「我聽過你」之後，才需要思考的事。我發現現在很多人一窩蜂搶做 Podcast、經營粉專、拍 YouTube 影片，但都忽略了一個關鍵問題：根本沒幾個人認識你，你就想要別人來追蹤、訂閱？如果你的內容沒特色，對別人來說也沒有價值，為什麼要追蹤你？反過來說，如果你的粉專有十萬個追蹤者，而且每篇文章都是實用的乾貨，不用你開口，我也會主動去追蹤。

可以說，參與訂閱的核心很簡單：**把有價值的內容「免費」分享出去**。當大家發現你的文章不是東抄西貼，而是有獨到見解，自然就會訂閱。不過我也要提醒，如果你發現自己才發三天文章，就有江郎才盡、沒什麼好分享的感覺，那還是趕快回去上班比較實在。如果你沒有特色、也沒有值得分享的內容，就不要硬做，否則就只是看著追蹤人數永遠卡在兩、三百人，很難再成長。

不管你是想做 Podcast、經營粉專，還是做長影片、短影音，最重要的一點就是：不要給觀眾垃圾內容，要給乾貨。我有些房地產界的朋友，對投資真的很有研究，他們就專注分享「桃園房地產投資三大關鍵」這類的專業文章，寫著寫著就紅了。像是疫情期間，有醫生朋友分享「在家自救的治療方法」；或是也有牙醫師分享「根管治療必知五件事」，這些都是他們的專業所在，有需求的人自然會主動訂閱。

重點是，**一開始不要想著要賣服務或賣東西**，誰會想要花錢買一個陌生人的服務？先把好東西免費分享出去，慢慢累積你的受眾，聚沙成塔，就會是扎扎實實的粉絲基礎。

第三階段：訂單轉換

經營個人品牌走到第三步，就是要開始把「粉絲」轉換成「顧客」。這時候你已經有了一定知名度，也累積了不少追蹤者，接下來就是要把這些基礎轉化成實際的商業價值。

國際知名的品牌價值顧問公司 Brand Finance 執行長大衛・海格（David Haigh），曾經提出一個說法，他認為品牌有三個主要的功能：「一是**導航**，幫助消費者從一大堆眼花撩亂的選項中做出選擇。二是**保證**，品牌能代表產品或服務本身的品質，讓消費者確信自己做了正確的選擇。三是**連結**，品牌使用特別的圖像、語言，促使消費者認同其品牌。」

簡單一點說，只要你能做好品牌，就能讓粉絲更容易信任你做的決定，甚至「無腦」認同與支持你。透過建立起的粉絲圈，讓他們參與你的各種面向，進而把銷售思維引入你的品牌經營中，當中最重要的一個邏輯是：**我喜歡你，我想跟**

你＿＿＿＿＿＿。這個空格你可以填入各種活動，比如我想跟你合照、我想跟你一起去旅行、我想跟你穿一樣的衣服、我想跟你過一樣的生活方式等等。

這種心理其實跟談戀愛很像，當你喜歡一個人的時候，自然而然就想要更靠近他的生活圈。所以在心態上要有所轉換，不必用對待客戶的方式來對待粉絲，我從來不會把粉絲當成是「賣東西的對象」，而是試著把他們當成朋友，從我的Facebook上就可以看到，我常常分享一些生活趣事，可能是我一個中年男子跟著太太去上瑜伽課，或是我帶著一票朋友去東京看棒球，結果意外發現，這種真實的一面，反而讓粉絲更有共鳴：「原來憲哥這麼親民！」

重點是，千萬不要把自己打造成完美無缺的形象，我看過太多人在網路上裝模作樣，結果個人品牌反而經營不起來，他們的社群貼文看起來光鮮亮麗、毫無破綻，但真的要辦活動時卻沒什麼人願意報名，為什麼？就是因為把自己的身段架得太高，反而讓人不敢親近。

經營個人品牌就像是交朋友，你不會一見面就跟朋友推銷東西，而是先讓他了

解真實的你，等到他認同你的價值觀、欣賞你的專業，自然而然就會支持你的產品或服務。就像我前面提到的，當粉絲把我當朋友時，無論是我跟天下文化一起首開先例，開賣「棚外開講」的高價套票，還是我替福哥、吳家德站台他們想要曝光的產品，我的粉絲都願意因為我的推薦而買單。

第四階段：興奮提升

到了第四個階段「興奮提升」，重點就是要讓粉絲眼睛一亮，感覺自己被特別對待。我的祕訣是：**創造「峰值體驗」，做一些出人意料的事情**。

舉個例子，我有一次辦實體演講，當天早上特地在 Line 鐵粉群發了一則訊息：「今天有買套票但臨時有事來不了的朋友，請私訊我，我會把今天演講的精華講義私下寄給你。」這則訊息我是刻意發的，因為我知道等一下我會在台上分享這個故事，我要讓我的鐵粉知道：即使你沒來，我還是會照顧你。

果然，發出訊息後馬上就有四個人私訊我，認真解釋自己為什麼臨時來不了。其實，拿到講義意義並不大，因為第一，大部分人根本不會認真看；第二，沒有親臨現場，光看講義也不知道我實際講了什麼重點、說了什麼故事。但我為什麼要這樣做？因為我想讓粉絲感受到被重視、被寵愛。就像談戀愛，重點不是送什麼禮物，而是那份心意，**當粉絲感受到你願意為他們多做一點事、多用心一點點，他們自然會更加支持你**。

回想經營個人品牌的初期，我的心態還很單純，就是想要不斷成長。從一百個粉絲到一千個，從一千再到兩千，再到五千、一萬，我那時候每天盯著數字看，希望數字一直往上爬。但當粉絲數突破十萬的時候，我發現一件很有趣的事，真正的粉絲並不是因為「我有十萬訂閱」才支持我，而是因為他們覺得自己在十萬人中是特別的。

這也是為什麼每次當我約三、四個粉絲一起吃飯時，他們會特別珍惜這個機會，因為覺得自己是被特別選中的VIP；但如果是舉辦四百人的粉絲見面會，即使內容一樣好，卻少了那份連結感。

重要的是當下的互動與雙向連結，不要老是想著要賣什麼給粉絲，而是去想，你能給粉絲什麼驚喜？能創造什麼特別的體驗？這些看似隨手的小動作，其實都在累積粉絲對你的好感與信任，而這些感動的時刻，往往就是讓粉絲從「一般支持者」變成「忠實擁護者」的關鍵。

第五階段：擁護推廣

經營個人品牌的最後一個階段，也是最珍貴的階段，就是「擁護推廣」。這時你已經不需要開口請求，粉絲就會主動幫你宣傳、替你著想。

我記得有一次要去台南看球，還沒出發，就收到台北同行夥伴張耿彬的訊息：「憲哥，高鐵票我幫你買好了，飯店也都訂好了，離球場很近。」老實說，當下我很不好意思，覺得太麻煩人家，但對方卻說：「能幫上憲哥的忙是我的榮幸！」這種發自內心、自動自發的支持，讓我特別感動。

不過這裡要特別強調一點：這種支持一定要是對方發自內心，絕對不能強迫。我看過有些人會要求粉絲：「麻煩幫我分享一下我的課程」、「幫我寫個好評好嗎？」這樣的做法反而適得其反，真正的粉絲自然而然會在對的時機、用對的方式幫助你。

當你的個人品牌走到這一步，就代表你已經建立起真正的影響力，不是靠花錢買來的名氣，而是透過真誠付出、專業分享，讓粉絲由衷認同你的理念與價值。其實，**真正的品牌力量不在於你能得到多少，而在於你能給予多少**，當你真心對待每一個粉絲，他們自然會成為你最忠實的品牌大使。

成功了嗎？個人品牌的五個衡量指標

經營個人品牌一段時間後，你一定會想知道：我做得好不好？這裡我要分享五個關鍵指標，讓你能具體衡量自己的品牌價值。

第一個指標是「你跟誰擺在一起」。舉例來說，如果你被邀請參加一場直播，看看主辦單位安排誰跟你搭檔，這個搭配很能說明你的個人品牌程度，因為主辦單位都會安排實力相當的講者同台。

第二個指標是「出版社願意找你推薦新書」。當出版社願意找你寫推薦序或掛名推薦，這其實是很好的指標。因為出版社是很務實的，他們不會找對書籍銷量沒幫助的人背書，所以我建議，只要出版社找你，不管是什麼書，前期都可以先答應下來，這些都是累積個人品牌的好機會。

第三個指標是「你跟誰在一起，你就是誰」。比方說，你常在社群上分享投資理財的觀點，跟各大金融業者合作開課，漸漸的，大家就會把你定位成「理財專家」；或是你經常跟知名企業家對談、分享創業心得，時間一久，你在大眾心中就會有「創業導師」的形象。這種連結一旦建立，就會變成你個人品牌的重要標籤。

第四個指標是「誰採訪你」。雖然現在媒體管道多如牛毛，影響力可能沒以前那麼集中，但如果有知名節目或具公信力的媒體願意訪問你，那絕對加分。我建議，如果你有獨特的內容或觀點，也可以主動接觸 Podcast 或其他媒體平台，提供有價值的話題。

第五個指標是「哪個廠商找你業配」。現在的廠商都很精明，他們找網紅合作時都會做足功課，像是透過 iKala 這類平台，分析網紅在社群上的發文數據與互動率，甚至會根據你的影響力給出一個明確的價碼。如果有廠商願意找你合作，代表你的個人品牌已經有一定的市場價值。

不過要提醒大家的是，這五個指標不是絕對的，重點是找到適合自己的發展方向。所以當你在檢視這些指標時，別只是盯著數字看，更重要的是思考：**這些合作對你的品牌定位有幫助嗎？是否符合你想要傳達的價值？**

畢竟，成功的個人品牌不需要靠堆砌數據，是建立在真實的專業與價值上。

chapter 18

想要變現？先搞清楚你的起點與路徑

現在很多人看到我推薦什麼產品都能賣，但這其實是建立在前面打下的基礎。所以各位在想要「賣得動」之前，先想想你的優勢在哪裡？是靠顏值嗎？是產品特別好嗎？還是價格特別優惠？你要先搞清楚自己的賣點是什麼，而你又要藉由什麼樣的方式與路徑，讓這個賣點被大眾知道？

以我自己來說，我的路徑是：先講得動，再寫得動，最後才賣得動。不過先說明，這只是我的路徑，不是標準答案。有人可能是先從寫作開始，再慢慢嘗試演講；有人可能是從經營社群起家，再發展其他領域。

不過，無論你是講得動、寫得動、或是其他的路徑，我認為有兩個基本功是必不可少：信念和說故事的能力。

先說「信念」，也就是價值觀，這是一切的起點。你相信什麼？比方說，你相信性別平等？相信公平正義？或是相信貧富差距會愈來愈大？這些信念會透過你的言談自然流露出來。如果能用一句話傳達你的信念，就會更有力量。

再來是說故事的能力，我稱為「講得動」。為什麼故事這麼重要？因為故事能在人們心中留下深刻的印象。故事能讓你的形象更鮮明，人們記住你的時間也更長。他們不只記得你說的內容，更會記得故事中的細節，這些都會變成你個人品牌的一部分。

接著是「寫得動」。我從小作文就不好，但我相信寫作是可以練習的，我就是這樣一直寫、一直寫，慢慢找到自己的風格。十五年來，我在Facebook上累積了十一萬多位追蹤者，出了十二本書，寫了三百多篇專欄。這些文字就像是放在銀行的定存，時間過去了還是持續產生價值。

最後才到「賣得動」這一步。現在很多人看到我推薦什麼產品都能賣，從烏骨雞、爆米花到豆漿，甚至連辦在寒流與細雨中的課程都可以將近滿席，這些都是建立在前面講得動和寫得動的基礎上，因為粉絲相信我的專業、認同我的價值觀，才願意買我推薦的東西。

最重要的是：不要急著「賣」，而是先打好基礎。就像蓋房子一樣，地基穩了，上面怎麼蓋都好說。我常看到有人一開始就想著要賣東西，卻忽略了建立信任的重要性，就算第一次成功賣出去了，也留不住顧客。以下我分別分享這三個路徑：

1 講得動：說出你的影響力

要打造個人品牌，首先就要「講得動」——用你的故事打動人心。你既需要製造氣氛，也要注重內容，不只要把氣氛搞得很熱絡，還要有實質的乾貨，客戶才會願意付費。就像《快思慢想》這本書裡面說道，人類的大腦有兩個系統在運作：系統一處理情感和直覺，系統二負責理性思考，這點我在第一部與第二部中已有大量的說明。演講時也是如此，儘管我每次都講了很多專業內容，大家最後記住的往往還是那些感動的時刻。於是經驗告訴我，一場成功的演講最終只會留下三樣東西：**故事、例子和親身經驗**。

例如我講銷售思維，就一定會說我在信義房屋當房仲時，在下雨天帶客戶看房後來順利成交的故事，也就是大家耳熟能詳的「下雨天是勇者的天下」；我講《極限賽局》人生使用說明書時，就會講我兒子明明不會游泳，卻還是硬著頭皮去參加游泳比賽，而且堅持游（更像是走）完全程，只因為我老婆答應他，只要游完全程就買PSP給他的故事。這些故事素材要從日常生活中收集，因此我習慣記下生活中的小故事，久而久之，就累積了很多可以分享的內容。

舉例子也很重要，要能把複雜的概念說得淺顯易懂。比方說我在講「搭售與綑綁五要素」時，可能聽起來很抽象，但只要用麥當勞的套餐，或是Sony的家庭劇院來舉例，大家馬上就能理解。我的祕訣是：講給小孩聽。如果連小朋友都能理解，那就是真的講得好，小朋友常會問「為什麼」，用我們意想不到的角度提問，反而會逼你把事情解釋得更清楚。

至於親身經驗，那更是無可取代的資產，在上我的經典課程「說出影響力」時，我常常鼓勵學員分享那些平常不太說出口、但對自己生命影響很深的經歷。每次看到他們說出自己的故事，總能在短短幾分鐘內就打動全場。親身經驗最真實，因為那是你真正走過的路、吃過的飯、走過的橋、遇過的人，這些經歷都會成為無法被抹滅的養分。

就是這種「講得動」的本事，讓我後來能做到更多事，包括錄製了兩百零三部說書影片、開發了六個線上課程，現在還能在天下文化主持「書房憲場」節目。

所以我常說，**經營個人品牌最值得投資的，就是演講能力**。不管是短影音、Podcast 還是 YouTube，你的專業都要靠說話來表達。我坐在台下時就是個平凡的阿伯，但只要拿到麥克風，就像超人穿上披風，這種講話的專業和魅力，就是我打造個人品牌的獨門武器。

2 寫得動：經營內容，一直寫就對了

說到「寫得動」，我只有一個心得：堅持寫下去就對了。說真的，我從小作文就不好，到現在文筆也稱不上多厲害，但就是靠著一直寫、一直寫，最後就會像肌肉記憶一樣變成習慣，也慢慢摸索出自己的風格。而且你想想看，寫文章幾乎不用花什麼成本，可以說是經營個人品牌最划算的投資了。

這十五年來，我在 Facebook 粉專累積了十一萬多位追蹤者，每一則留言我都用「謝小編」的身分親自回覆。有人說：「這樣很累吧？」但我覺得**跟讀者互動也是內容的一部分，不能馬虎**。除了 Facebook，我也佛系經營其他平台，像是 Instagram，我其實就是把一些短影音上傳上去，沒有特別管理，現在也有近萬人追蹤，YouTube 頻道也有一萬五千人訂閱。

回頭數數，這些年我寫了十一本書（這本是第十二本），還有二百一十篇專欄文章，真正讓我感覺到自己成功「破圈」，應該就是二〇一三年接觸了廣播和《商

業周刊》這兩個媒體平台，開始讓自己更赤裸裸地被大眾看見。這個轉變對我來說是個很大的挑戰，因為必須承受更多關注，面對更多網友批評，但這是建立個人品牌必經的過程。

一個真正的品牌，不能只被小眾認識。如果只有一千人知道你，那還不能算是品牌，你需要讓一萬人、十萬人認識你，才能達到真正的品牌效應。

3 賣得動：個人品牌價值的結果

二〇一三到二〇一四年，我專注在「說得動」和「寫得動」這兩塊。二〇一四年我開始接付費演講，而且堅持只接有收費的場次。後來更和王永福、周震宇一起開辦「超級簡報力」課程，隨後創立了「憲福育創」，可以說是我真正邁向「賣得動」的里程碑。

其實所有KOL或網紅最後都會走向商業化。例如，政府曾在二〇二二年委外研究，分析網紅的獲利模式約可分成八大類，分別是「平台廣告分潤」、「付費訂閱」、「販售周邊商品」、「通告活動」、「廣告連結點擊獎金」、「廣告業配」、「平台支薪及直播打賞」與「電商導購及直播帶貨」。除了這些之外，我認為「開課」（包括實體課、線上課、演講或論壇）更是重要的變現管道。有人會擔心自己沒資格教別人，其實不用這麼想，一個三十幾歲的人完全可以教二十幾歲的後輩，並不是要德高望重才能開課。甚至，像我現在五十六歲，比較適合教四十幾歲的族群，而不是直接教二十五歲的年輕人，因為經驗落差太大，反而效果不好。無論變現的方式為何，我認為個人品牌最終都一定要商業化，才能創造更大的影響力。

說到變現，我還有個重要心得：**沒有刻意追求變現的時候，機會反而自己找上門**。比如我在天下文化辦「棚外開講」，也不是真的為了賺錢，而是希望能藉由這樣的機會，替天下文化開創新的產品模式，也能透過媒體力量幫助我自己，達到雙贏的局面。

二〇一七年開始，我更進一步走向商業合作，第一個代言就是羅技（Logitech）

的 Spotlight 簡報筆。這支簡報筆跟著我在全台灣演講上課無數次，不知道吸引了多少人來詢問簡報筆在哪裡買的，我成為羅技的行動招牌，甚至某次我到教育部演講，台下都是常常需要用到簡報筆的長官們，他們當下就決定開團購，賣出將近一百支簡報筆。

二〇二四年，我因為長年支持台灣棒球運動，在「老獅說」創辦人鍾新亮的牽線下接到輝葉（Hueiyeh）按摩椅的案子，還有「好齡光白金蛋白」營養品牌益比喜（Eatbliss）不僅邀請我包場演講，還買了兩百本《極限賽局》，最後我也欣然答應替他們的產品做業配廣告。其實，這些廣告收入都不是我主動去追求的，是因為緣分才讓我願意合作。這就是最高的境界：你不追錢，錢反而追著你跑。只要你的個人品牌夠強、價值夠高、理念正直，每天收到的業配邀約多到接不完。

最後想說，每個人都想要轉換，每個人都想要賺錢，但有這麼簡單嗎？經營個人品牌與發展自己的變現路徑，其實就如同劉潤老師說的：「簡單的事比後期，困難的事比前期。」開 YouTube、做 Podcast 很簡單，好用的科技工具和軟體幫創作者降低了不少門檻，但要能堅持十年持續更新就不簡單。累積專業、成為一個領域的專家很困難，但只要撐過前期的學習與刻意練習，成功的機會自然就會來。

chapter 19

尋找你的利基市場

當談到個人品牌定位，我喜歡用「大、中、小」三個層次來思考：大數據、誠實中、小池塘。

首先是「大數據」，就像AI學習時，有愈大量的數據愈容易訓練出精準的模型，個人品牌也需要透過大量嘗試來找出自己的方向。沒有人一開始就知道要走什麼路，就像我，我也不是從小就立志要成為講師，我是透過不斷地嘗試、犯錯，才慢慢找到適合自己的路。

第二個層次是「誠實中」。你必須誠實面對自己的優、缺點，不要看別人當網紅賺大錢就想模仿，看別人拍短影音紅了就想跟風。你要清楚知道：我適合什麼？

我不適合什麼?比如說,我就很清楚知道自己不適合做線上課程,我的專長是在現場帶動氣氛、鼓舞人心,認清這一點,反而讓我能更專注在自己的強項上。

最後是「小池塘」策略。這是說要找到一個小而精準的利基市場,專注深耕下去,不要一開始就想要做大,而是先在小圈子裡建立口碑。我一開始也是從特定族群的演講開始,慢慢累積名氣,才有了現在的規模。重點是要選擇你真正熱愛的領域,如果只是為了賺錢而選擇某個市場,你可能撐不了多久,但如果是你真心喜歡的事,做起來甘之如飴,自然能持續很久。

大數據:在無數次失敗中摸索

很多人問我:「憲哥,你看起來這麼成功,有失敗過嗎?」我都會笑著說:「這還用問嗎?」

其實,真正的失敗不是你做了之後不成功,而是你連試都不敢試。我常跟學員說：「來上我的課，光是抄筆記沒用，**你要實際去做，做了，失敗了也沒關係，至少知道哪些事情不要再碰**。」例如，很多人都會擔心：「出書會不會沒人買？」我就說：「那你先寫出來再說啊！寫都還沒寫，怎麼知道會不會有人買？」

你們現在看到我的所有成果，都是經過無數次失敗才摸索出來的。二〇〇六年開始經營部落格，一開始我也不知道該怎麼寫，就是從零開始摸索。那時候每發一篇文章，可能一整天才十幾個人看，換作現在的社群標準根本就是「零流量」。但即使如此，我下班後就算再累也要打開電腦寫文章，不會因為沒人看就感到沮喪。

經過十餘年的堅持，總共寫了七百七十二篇文章，累積的瀏覽量也才六十二萬多人次。這個數字放在現在，可能一個網紅發一篇文就有這樣的觀看次數。但那又如何？現在回頭看那些文章，有些觀點可能很青澀，寫作技巧也不夠成熟，但正是這段默默耕耘的時光，讓我學會了如何把複雜的想法轉化成容易理解的文字。

我還開過一間餐廳叫「Dreamer 38」，撐了四年七個月就關門了。人事成本、租金壓力、食材控管，每一樣都是考驗，雖然最後餐廳關門了，但如果不是因為那間餐廳，就不會萌生舉辦「憲場觀點」現場說書活動的點子，也就不會延伸出後來的「大大讀書」。

二〇一七年，我在「一號課堂」開了音頻課，我們投入了很多心力在這個課程上，從內容規劃、腳本撰寫到錄音，每個環節都很用心。錄音時還特別租了專業錄音室，為的就是要呈現最好的音質。結果課程上線後，銷量卻遠低於預期，只賣出三、五百套，這個成績真的是讓我跌破眼鏡。但這個「失敗」給了我一個重要的啟示：原來我的魅力不在聲音，而是我在現場的整體呈現。

不過，塞翁失馬，焉知非福。正是這個音頻課程，讓我跟天下文化第一次合作，也才有了後來《極限賽局》的出版計畫，以及「書房憲場」Podcast 節目，讓我能用更全方位的方式呈現內容。

我過往出版的十一本書中，唯一一本銷量低於三千本的是跟兒子一起寫的親子書。我原本以為可以打動讀者，畢竟我的其他本書，動輒都有上萬本的銷量，這本應該也不會差到哪去。結果銷量不好，最傷心的不是我，而是我兒子，他一直覺得是自己拖累了爸爸，那段時間，我們父子之間有點尷尬，每次聊到這本書，他總是很不自在，我更是對出版社很不好意思，無臉再寫書。

這個經驗讓我學到：不是每個議題我都適合碰。我擅長分享業務、銷售、商業經營的內容，但在親子教養這塊，我就只是個普通的爸爸而已。與其硬要跨界，不如把精力放在自己最拿手的領域。

除了親子議題之外，我還有一個自己很熱愛、但市場反應也不怎麼樣的題材，就是「體育」，尤其是棒球更是我最熱愛的項目。二〇一九年，我堅持要在大大學院開一門「從運動學管理」的課程，當時整個團隊投入了很多心力，找來許多重量級來賓，包括知名球評與運動主播、職棒選手等，連場地都租比較好的。我以為，棒球這麼有趣，一定會有很多人想學習運動界的管理經驗。

但結果出乎意料，這門課只有六百多人付費，是我開設的線上課程中唯一低於兩千人購買的，讓我對「商戰CXO」執行長許景泰（Jerry）感到很抱歉，畢竟是我堅持要開，而他投入那麼多資源，結果成績卻不如預期。

這件事也讓我深刻體會到：有些話題適合放在社群上分享，當個人興趣；但不是每個興趣都適合商業化。現在我還是很愛看棒球，也會在Facebook上分享一些球賽心得，但我不會再嘗試把它變成產品或課程。熱愛不等於市場需求，雖然我對棒球充滿熱情，可以講好幾個小時不停歇，但不代表大家都願意花錢來聽。現在遇到有人說：「憲哥，你講棒球真的很厲害！」我都回他：「別害我了，我的棒球課賣不動的！」

然而，我最受打擊的一次，莫過於二〇一九年我跟朋友一起投入電影製作，想拍一部以二〇〇九年中華職棒簽賭案為故事背景的電影。我們運氣很好，請到王師跟王子維兩位知名電影人做監製，甚至成功申請到文化部輔導金，一口氣就拿到當年第二高的補助金額一千萬元。我滿懷希望，認為自己終於要做出一個熱愛的事物，但結果很慘，我們什麼都沒拍出來，白白花掉近三百餘萬元，輔導金資格也直接退回給文化部。當時我們還跟外界募款，我只能一個一個打電話跟投資人道歉，自掏腰包還回部分的資金損失。

即使走過這些失敗與低潮，我從來都不覺得丟臉，做不好就改正、做錯了就道歉，失敗經驗甚至比成功更寶貴，它讓我知道自己不適合什麼。真正的失敗是你不再想要前進，開始放棄。最重要的是持續往前走，讓自己變得更強，至於羨慕別人、追求名氣，那都是次要的。

這些失敗的經驗是專屬於我的大數據，讓我慢慢找到一條最適合自己的路。

誠實中：別想討好所有人

先說結論：這個世界上，三分之一的人會喜歡你，三分之一的人會討厭你，還有三分之一的人隨便你，這是不會改變的真理，所以**別再妄想討好所有人，誠實的面對自己，專心做自己就好**。

我看過太多人在追求完美的過程中迷失自己，他們想討好所有粉絲、想要每篇文章都獲得好評、每個作品都得到讚賞，結果反而失去了自己的特色。例如，有些人會刻意寫一些自己其實不太認同的「政治正確文」，如果發現現在正在瘋奧運、十二強，網路上全部都是稱讚金牌運動員的文章，他可能就會故意也寫一篇蹭熱度，但是他根本沒有看體育比賽的習慣；或是最近科技圈在討論ＡＩ，他就趕快寫幾篇ＡＩ相關的文章，下個月又跳到討論女權，他又立刻附和主流的聲音。

這種追逐熱門話題、蹭流量的方式，表面上看起來很聰明，但其實是在透支自己的信譽。因為讀者不笨，他們看得出來誰是真正懂這個領域的人，誰只是為了衝流量而寫。就像我在體育這塊，雖然不是專家，但我是真的熱愛棒球，平常就會看比賽、分享心得，所以當我寫相關文章時，讀者能感受到那份真誠。

但如果你今天跟風寫這個，明天又改寫那個，社群流量確實可能會短期上升，但這些都是虛胖的數字。**沒有自己的核心主張與深度的見解，粉絲根本摸不清你是怎樣的人**，在他們眼裡，就像百貨公司裡沒有臉的人形模特兒，可以穿上各種衣服，卻沒有自己的臉孔。

所以我一直強調：經營個人品牌最重要的是保持「一致性」。你必須很清楚自己要寫什麼、不寫什麼，只有當你展現真實的自己，堅持自己的立場和專業，才能吸引到真正認同你的粉絲，這些人也才會是買你的書、報名你的課、支持你事業的跟隨者。

我想起《重啟人生》（*From Strength to Strength*）書中的一句話：「流量、名氣跟海水是一樣的，喝愈多就會愈渴。」這一點要特別小心，當你對數字的情緒依附太強時，等到熱潮退去，就會感到無比痛苦，因為你喝的是海水，只會愈喝愈渴。在我看來，為了流量而活的人生，真的很辛苦，也沒有什麼意義。

回到「三分之一」理論，既然我們無法改變這個比例，不如就更自在地經營個人品牌，把有限的精力投注在真正重要的事情上，努力提升自己，然後擴大整體的粉絲基礎。比方說，把一千五百個粉絲變成一萬五千個，那支持你的人自然就會變多，當你理解這個道理，就不會再執著於每個人都要喜歡你。

不管是寫文章、拍影片，還是開課程，不必期待獲得所有人的認同，重點是找到真正欣賞你風格的那群人，然後持續為他們創造有價值的內容，這才是最務實的策略。

其實，「誠實中」的概念，我認為可以通用在人生的各種領域，尤其在人際關係上，也影響我深遠。記得很多年前，有位講師在未經許可的情況下，模仿了我的課程內容來開課，後來我們在一個場合上碰面，我其實心裡很不開心，但又想著不要把場面搞得太難堪，於是假裝大方與對方合照、寒暄。換作是現在的我，絕對不可能這樣做，特別是過了四十歲之後，我發現根本不需要討好每個人，更何況是會占人便宜的人，我直接無視就好。

所以現在如果有人在社群媒體上暗指我的課程太貴，或是掀起其他的筆戰風波，我都選擇直接封鎖，不會像過去那樣試圖和解。這不是我太傲慢，是我願意誠實面對自己，喜歡就喜歡、討厭就討厭，珍惜自己的時間和精力。

其實別人怎麼講你也不重要，你就是往你的方向去走，但也正因為大多數人都不知道要去哪裡，才會特別容易對他人的一句話耿耿於懷。這讓我想起以前剛開始當講師的趣事，有學員反映說：「老師，您能不能別在課堂上用『吃大便』這種粗俗的字眼？」那時候我還會認真思考要不要改掉這個說話方式。但現在呢？每次我說這個字眼，台下反而會心一笑，因為大家都知道這是「憲哥風格」。

穿著打扮也是一樣。以前去演講，一定要穿得很正式，西裝筆挺是基本。就算天氣再熱，至少也要穿襯衫，結果常常講到最後，整件衣服都溼透了，非常不舒服。現在我穿著運動服、球鞋上課，學員反而笑著說：「憲哥，您等下是要去打棒球嗎？」

也就是說，當你的專業實力足夠強，你就能做真實的自己。反過來說，當你還沒站穩腳步時，就算說對的話，別人也未必買單。**所以重點不是改變自己去迎合別人，而是把自己的專業能力練到爐火純青，不斷展現自己的專業和溫暖**，擴大你的粉絲基數，你會發現，有的地方可能只有十分之一的人認同你，有的地方卻能獲得更多支持。

就像撒種子一樣，你永遠不知道哪塊土地最適合你，但如果不踏出舒適圈去嘗試，就永遠找不到最肥沃的土壤，所以「大數據」的勇於嘗試非常重要，勇敢地走出去，接觸更多不同的人，就有機會讓更多人認識真實的你。

小池塘：發揮你的關鍵優勢

所謂的「小池塘」就是，與其在大海中當小魚，不如在小池塘中成為大魚，這是我認為最有效的個人品牌定位方式。我常常看到很多人一開始就想要做最大、做最強，希望在最短的時間內觸及最多的受眾，這種想法往往容易讓人迷失方向，最後反而發揮不了自己的關鍵優勢。

以我自己為例，我一開始就選擇專注在企業演講這個領域，這個市場看似小眾，但卻是一個能夠讓我充分發揮專長的池塘。在這個小池塘裡，我不需要跟所有人競爭，而是可以專注在提升自己的專業和獨特性。當你在小池塘裡建立起足夠的影響力，就會發現，這個看似受限的空間，實際上蘊含著無限的發展可能。

還有一個很有趣的個案，我有位學生蔡心瑜，幾年前參加了我的「說出影響力」

課程，在那之前她做過保險業務，也當過一段時間的命理師。上完課後，她在這幾年間都沒有什麼特別的發展，既沒有太多演講邀約，也沒有什麼曝光度。但最近她卻因為一件事情爆紅了，原來她是一位非常熱情的中信兄弟隊球迷，從中信鯨時期就開始支持，至今已經有二十多年了。她不只自己喜歡棒球，還會帶著老公和兩個小孩一起去看球賽，甚至在球場上熱情跳舞應援。

前一陣子，她來我的書房討論個人品牌經營的方向，我給她一些定位上的建議，後來她就開始花時間經營中信兄弟的粉絲社群，甚至主動幫其他球迷找球星簽名。由於一般球迷很難直接接觸到球星，她就善用自己的管道，幫大家取得簽名書，讓許多球迷都很感動。

不久後她寫信向我道謝，說她的短影音在抖音上爆紅了，我回覆她說：「你真心喜歡棒球，做你真心喜歡的事，老天爺絕對不會辜負真心的人。」現在她持續製作短影音，內容都圍繞著她真心熱愛的棒球，因為是發自內心的熱愛，不是矯揉造作，所以她的影片獲得了很高的觀看量。這個例子讓我更加確信，做自己真正熱愛的事情，才能產生最真實的影響力。

很多人總是害怕錯過機會，於是什麼都想嘗試，今天看到別人做直播賺錢了，明天看到別人經營社群成功了，就想要全部都做。但這樣反而會讓自己的資源過度分散，最後什麼都做不好。相反的，如果你能夠找到一個適合自己的小池塘，專注在這個領域深耕，你就能夠在這個領域建立起無可取代的地位。

小池塘的策略，最重要的是要找到適合自己的那個池塘，**這個池塘不一定要是最熱門的，也不一定要是最賺錢的，但一定要是你有熱情、有能力可以長期經營的。**就像我選擇企業演講這個領域，是因為我發現自己在這個領域中能夠發揮所長，也能夠持續保持熱情。當你在小池塘中建立起足夠的影響力後，你會發現，更多機會就自然而然地找上門來，因為在這個專業領域中，你已經不只是一個服務提供者，更是一個具有影響力的意見領袖，這時候你的個人品牌價值就會不斷提升。

不過，池塘雖小，不代表要你困在舒適圈，而是讓自己的發展更加聚焦和深入，也同時排除那些你不擅長的事情，減少時間浪費。例如，我很清楚認識到自己的優勢在線下，而不是在攝影棚、錄音室，經過剪輯的內容往往看不出我真正的實力，但只要來過我演講的現場就會發現，我可以不用講稿，一氣呵成完成整場演講，這就是最真實的我。

堅持做最適合自己的事，才能創造最大的價值。

chapter 20

維持「一致性」，個人品牌才能永續

二〇二三年七月十四日，我在某知名外商公司進行一場演講，原本以為是場平常的企業演講，沒想到卻成了一個重要的轉捩點。演講開始後，現場學員不斷進進出出，有人拿飲料、零食，有人上廁所，整個課堂秩序相當混亂。身為一個專業講師，我無法接受這樣敷衍的學習態度，於是決定停止講課。

就在這時，兩位學員突然站起來，憤怒地拍著桌子喊道：「你這是情緒勒索！」現場氣氛頓時凝結。HR趕緊將這兩位學員請出教室，勸我繼續上課，管顧公司的人也來說情，但我沒有立即妥協。

我轉向剩下的學員，提出了一個不尋常的要求：「我願意繼續上課，但要請你們全部站著上課，可以嗎？」這個要求看似嚴苛，但卻是我對自己專業的堅持。令人意外的是，剩下的三十四位學員全都同意了。

離開會場三十分鐘後，我收到了學員滿意度調查，在三十六位學員中，雖然有兩位與我起了衝突，但留下來站著上完課的三十四位學員，竟然都給了我極高的評價。這個結果讓我深受觸動。

大部分的人可能會選擇息事寧人，讓各方都有台階下，拿了錢就走人，但我知道，如果一味討好所有人，就永遠無法成為一個真正優秀且稱職的講師。我透過這樣的堅持來展現：當我說不行，就是不行，如果你接受不了我的原則，那麼以後就不用找我了。

這就像經營個人品牌一樣，**管理的核心在於「決定不做什麼」**。我決定不當一個可以被人隨意摸頭的老師，也不接受那種學員可以任意進出的課堂，這個原則同樣適用於接業配廣告，如果什麼案子都接，最終只會失去自己的特色。

回想起來，如果是剛開始做企業講師的我，可能會用放影片或是閒聊來打發最後的時間。但現在的我深知，拿了高價卻給出垃圾內容，這樣不只辜負了學員的期待，也違背了我的專業原則。我寧可樹立一個典範，讓大家知道在我的課堂上，專注和紀律是基本要求，即使可能失去一些案子，但維持原則與一致性更為重要。

公關危機？大便一口吃下去就對了

在網路世界裡，三天兩頭就有所謂「人設翻車」的公關危機。有的人涉及管制藥品、有的人有桃色風波、有的人背地裡耍大牌、有的人則是說錯話，無論是哪一種，都可能直接斷送一個個人品牌長年累積的形象與聲譽，甚至被廠商斷糧都是有可能發生的事。

然而人非聖賢，不太可能一輩子都不會有過失，更何況在網路世界裡，人人都會用放大鏡來檢視你的一言一行，更難避免公關危機的發生。不過，我認為有個道理是共通的：**當危機發生時，先不要想如何脫身，而是誠實面對**。我的好朋友劉宥彤過去是鴻海創辦人郭台銘的重要幕僚，擁有非常豐富的公關經驗，她跟我分享一個真理：「大便一口吃下去就對了。」糟糕的事情，寧可一次把它解決掉，也不要東躲西藏或是推卸責任，反而把痛苦拉得更長，一點好處也沒有。

我也曾犯下錯誤，這是我一直耿耿於懷的汙點，這個錯誤說明了，為什麼我們無論在經營業務、經營個人品牌，都不應該急於求成，以及當我們真的犯下錯誤，就應該直面過錯，用更多的努力換取諒解。

故事發生在二〇〇一年，對我來說是輝煌的一年。在安捷倫擔任業務經理的我，因為出色處理了手機代工廠客戶的火災案件，拿下亞洲服務品質白金獎。當年業績達成率超過兩〇〇%，那筆獎金甚至讓我在中壢市區買下人生第二間房子。上任第一年就有這樣的成績，自然在公司內部備受矚目。

但好景不常，二〇〇二年的一個決定，差點毀了我的職涯。那年的業績壓力很大，目標被大幅調高，而且到了年底都還沒達標。在焦急之下，我做了一件錯事，為了衝業績，替客戶偽造了訂單簽名，我們天真以為，反正客戶遲早會下單，只是時間早晚的問題。

但事情很快就曝光了，公司開出發票後，客戶收到帳單覺得莫名其妙，直接打電話到客服中心查證。當真相攤在陽光下，我立刻被叫到協理面前，在關鍵時刻，我選擇了最直接的方式面對：「這是我簽的，如果公司要開除我，我沒有話說，願意接受任何懲罰。」

後續，總經理與協理親自到林口向客戶道歉，他們向客戶說明這是業務個人行為，承諾會做出適當處置，同時撤銷這筆訂單。讓我意外的是，總經理最後並沒有重懲我，甚至主動幫我轉移負責的客戶，只是警告我：「這件事就算了，但以後不能再發生。」

這個經歷帶給我三個重要啟示：首先，當危機發生時，最重要的是誠實面對，**坦然認錯、真誠道歉，比一直狡辯來得有用**。其次，平時累積的信任就像是存摺裡的存款，我前一年的優秀表現，加上誠實認錯的態度，讓主管願意給我改過的機會，如果沒有這些「存款」，結局可能就完全不同了。

最後，這次教訓讓我更加珍惜公司給予的信任，之後公司要我擔任福委會、勞資委員會等職務，我全都欣然接受，願意付出更多努力來回報這份信任。在後來的二〇〇三年到二〇〇六年，我的事業更上一層樓，二〇〇四年還拿到了總裁獎。

把類似的情況套用在經營個人品牌上也是一樣，以我的觀察，個人品牌在面對危機時最容易犯的錯誤，就是試圖用公關手法來包裝或掩飾事實。這種做法在企業品牌或許可行，因為企業有專業的公關團隊可以處理危機，但個人品牌卻不同，當你是以個人為品牌時，任何不誠實的處理方式最終都會反噬自己，因為人們期待看到的是真實的你，而不是包裝過的形象。我建議的危機處理方式是：

1. 第一時間坦承錯誤，不要等到事情擴大。
2. 清楚說明事情的來龍去脈，讓人了解完整的脈絡。
3. 展現誠懇改正的態度，並提出具體的改善方案。
4. 面對批評時保持開放和謙遜的態度。

5. 給予時間讓事情沉澱，不要急著想要平息風波。

要記住，**個人品牌的核心價值在於真實性，當你犯錯時，真誠的態度往往比完美的公關手法更能贏得他人的諒解**。而且，危機處理得當，反而可能成為強化個人品牌的契機，因為粉絲會記得你在困境中展現出的品格，比你在順境時的表現更具說服力。

誠實不是最好的策略，而是唯一的策略。在這個資訊高度透明的時代，任何試圖隱瞞的事情終將曝光，倒不如一開始就選擇坦誠以對，這也是一致性的展現。

優雅華麗的迎接衰退吧！

我想用我非常喜歡的《重啟人生》書中的一句話，做為對經營個人品牌的感悟：「衰退帶來的痛苦，與你先前達到的聲望高度，以及你對於那個聲望高度帶來的情緒依附直接相關。」這是什麼意思？你愈被眾星拱月的光芒吸引，當黑暗來臨的時刻，你就會慌亂地愈看不見任何希望；你若對名聲處之淡然，當黑暗降臨，你反而能看清楚夜空中閃爍的星星。

其實，經營個人品牌跟經營公司一樣，都會經歷成長期、高原期和衰退期。這些階段往往來得比我們想像中更快、更急。你怎麼紅的，你都不知道；你怎麼衰退的，你也不知道。

在成長期，一切來得特別快速，可能因為一支影片爆紅，或是說了什麼話獲得廣大迴響，突然間就站上更大的舞台。這時期最重要的是保持清醒的頭腦，不要被突如其來的成功沖昏頭，否則很容易在此時迷戀上流量的滋味，迷失了方向，忘記自己做個人品牌的信念與初衷。

接著是高原期，當你達到一定的高度，就會天天在想：如何維持熱度？如何不斷創新？很多人在這個階段開始焦慮，害怕自己被大眾遺忘、失去關注度，結果反而做出違背自己初衷的事情，但事實上，**維持高原期的關鍵不在於譁眾取寵，只需**

要持續提供價值。

最後是衰退期，這是最考驗一個人的階段。「衰退的痛苦程度，往往跟你先前達到的高度，以及你對那個高度的情感依附程度有直接關係。」這就像鐘擺理論，擺得愈高，回力也愈大，反而是流量沒那麼大的小網紅或普通人，即使真的有一天衰退，也不至於打擊太大。

想起我三十歲的時候，就是還沒參透這個道理。只是拍到一張跟連戰的合照，就以為那是我人生中最了不起的時刻，現在回想起來，也不過就是那麼一秒鐘的事。同樣的，做業務時，每當業績不好，就覺得天要塌下來了，但現在看看，其實也沒那麼可怕。如果你太在意那些高峰和低谷，就得時時刻刻準備好面對失落；但如果你能放輕鬆一點，不要把自己綁得太緊，每一天都可能會有新的驚喜，說不定還能創造出比過去更好的成績。

更何況，上台靠機緣，下台靠智慧。一個人怎麼紅起來，往往連他自己都說不清楚，更多人是直接坦承：「會紅都是因為運氣好。」我非常認同，現在我們看到所謂的成功學，其實是結果論，就像一個人已經射中靶子，才在靶子上畫紅心一樣，這樣的邏輯本身就不對。

沒有人在剛開始寫專欄時預期有破萬人瀏覽，沒有人出第一本書時認為自己會成名，也沒有人剛當職業講師時覺得自己會爆紅。都是這樣一步一步慢慢往前走，累積專業、累積內容、累積信任，某一天，莫名其妙就紅了。

但紅是一回事，下台又是另一回事。下台的時候，你必須要很有智慧，因為取捨永遠是最困難的課題。當你退休那天，公司名片上的職稱都要卸下，**所有頭銜都不再屬於你，剩下的就只有你的名字，這時候最大的考驗是：誰還記得你？**我常在思考，究竟什麼能讓別人持續尊敬你，把你當作一個「真正的大咖」？

沒有人能永遠站在巔峰，哪怕你的事業正在最好的狀態，也可能健康出問題；或者家庭、健康都很完美，但事業正在走下坡。但那又如何？即使我們走下山頂，也能有其他方式展開人生的「第二座山」。就像我去年做了一個決定：拿出一百萬，支持二十位專注在「演說普及」、「閱讀推廣」、「運動平權」以及「企業精緻訓練」的人們，幫助他們成功，也就是「謝文憲接班人」計畫。為什麼我要做這件事？因為這四個領域是我想深耕的，但我知道，與其自己一個人硬扛，不如行有餘力，幫助別人成功。

你想要怎麼樣被記住名字？

最後，我想用一個問題：你希望當別人提到你的時候，他們會想起什麼樣的故事？

分享一段我在安捷倫工作的經歷。二〇〇四年，我得到了公司最高榮譽的總裁獎，在全公司收到這個消息的第一時間，我卻感到特別不安，原因很簡單，在我英文不太流利的那段日子，是我的同事饒韻琴（Eva）一直在背後默默協助我，讓我能夠順利跟外籍主管溝通，而且，雖然看上去在外面跑業務的人是我，但所有的內部事務都由她一手包辦，可以說正是因為我們互補的特質，才有如此的佳績。

所以得獎那一刻，我立刻邀請她到公司樓下的涼亭，跟她分享這份榮耀，也表達我的歉意——這個獎項，應該是屬於我們團隊的，不是屬於我個人的。後來我離職成為講師，她也在前一年離開公司，創辦了實驗學校諾瓦小學，我們的情誼依然持續著。

對我而言，饒韻琴的個人品牌非常成功，這份成功並不是因為她獨占鎂光燈、閃閃發亮，而是在我的回憶中，她永遠是那個令人安心的靠山，這就是她在我心裡種下的種子。即使二十年後，我再回想起這位前同事時，我絕對不會記得「那個很厲害的人」，而是會想起「那個人不只厲害，而且總是記得照顧團隊」。我也希望在她的心中，謝文憲不是個獨攬好處的人，而是獲獎後，願意分享給團隊的好夥伴。

還記得那句貫穿全書的話嗎？「做業務就是在學做人。」當我們先是變得「專業」，掌握專業技能，知道如何運用心理學、行為經濟學創造銷售情境；接著我們展現「溫暖」，為客戶著想，建立起客戶信任；最後展露人性，注重聲譽，鞏固自己個人品牌的「一致性」，讓更多的客戶跟著我們，更多的粉絲愛戴我們，財富自然就會在這個過程中到來。

但經過這麼多年的經歷，我愈來愈體會到：這些都只是表面的成就，真正重要的是你在這個過程中留下了什麼。這世界上有很多優秀的業務員，他們懂得銷售技巧，也知道如何維持客戶關係，但最後能被人記住的，不是他們創造了多少業績，而是他們留下了什麼樣的故事。就像 Eva 在我心中永遠是那個讓人安心的靠山，這種印象比任何數字都更有價值。

業務能力會衰退，市場也會變化，但透過建立個人品牌，我們的名字會一直被保留下來。就像現在，如果我在網路上 Google 自己的名字，可以發現好幾個標籤：兩岸知名企業講師、千萬講師、最具影響力的企業講師、暢銷書作家、金鐘廣播節目主持人、知識創業者。但其實，這些標籤對我來說都不重要。什麼千萬講師？有人酸說：「賺這麼多錢怎麼不拿去做公益？」兩岸知名企業講師到底多知名？這些都是媒體誇大的形容詞。

我心裡很清楚，離開這個世界的時候，我只希望人們記得「謝文憲」這三個字，因為這才是我一輩子不改變的符號。做你自己，是我認為個人品牌最珍貴，也是所有人都做得到、一點也不困難的事。

你畢生要彰顯的，就只有你的名字。這個名字初期可能是空的，沒有人認識，也沒有人在意。但當你開始在這個名字上注入自己的專業、特色和價值，同時不要忘記利他與助人，在自己成功時也看見身邊的人，如此一來，你的名字就會逐漸有重量與價值。

我常跟年輕人說：「**你的第一桶金不是一百萬，而是你的專業與信念。**」當我開始打造個人品牌時，我就是「謝文憲＋業務工作」，後來變成「謝文憲＋演講技巧」，再來是「謝文憲＋激勵」。每一個階段，都是在我的名字上，疊加不同的專業價值。但專業只是一個起跑點，最終的目標，是當所有頭銜都拿掉時，只剩下「謝文憲」這個名字，大家依然認得你、記得你。這就是以終為始的概念，需要始終懷抱「信念」，用你的價值觀去影響他人，改變這世界上哪怕只是一個人、一件事、一個回憶。

想像有一天在你的告別式上，人們會如何談論你？他們不會記得你賺了多少錢、出過幾本書，或擁有什麼頭銜。他們會記得你在他們生命中留下的故事：「那年我最低潮時，是他給了我希望」、「他的演講改變了我的人生」、「他寫的文字真的觸動了我」。

這就是個人品牌與企業品牌最大的不同。企業的核心目標是獲利，沒有獲利就沒有存在的價值，但個人品牌卻遠不只是純粹的商業價值，它包含了更深層的意義。當然，這不代表個人品牌就不需要關注量化指標，像是流量、訂閱數、按讚數，但那些更像是你透過專業、透過好的內容，以及你傳遞的價值，最終所帶來的結果。

就像我一直深信「麥克風加信念可以改變世界」，這個信念從我做「說出影響力」課程開始，就影響了許多學生與朋友，包括鼓勵了「街頭路跑」創辦人胡杰、「仙女老師」余懷瑾、任職於國家太空中心人稱「科學×博士」的蕭俊傑、老年醫學專科醫師朱為民與資深護理長吳淋禎五位學員與朋友，勇敢站上 TED Talks 的舞台，把自身理念散播出去。當我用我的價值觀觸動他人，再讓這些人用他們的故事，進而改變更多人的生命，這就是個人品牌最珍貴的資產。

這也是為什麼當個人品牌愈來愈具影響力時，就必須承擔更大的社會責任。就像企業要實踐ESG（Environmental, Social, Governance，環境、社會和公司治理）一樣，個人品牌的責任不只是做做善事或捐款這麼簡單，更重要的是，要意識到：有許多粉絲將你視為典範。

尤其個人品牌跟企業最大的不同在於，我們沒有龐大的公關團隊可以幫忙收拾殘局，一切的言行都直接連結到自己的名聲。你想要怎麼樣被記住名字？你希望自己身邊的親朋好友，是因為你而感到自豪，還是默默避開你的名字？

活到了五十六歲，我判斷該不該做一件事的標準，就是自問：「如果我爸媽在天上看著我，他們會怎麼看這件事？」我不會去想網路上的酸民怎麼看我，那些都不會改變我的決定，但我在意生命中那些對我有重大影響的人們會如何評價我。雖然他們現在都不在世了，但這個準則，反而讓我的許多決策變得簡單而有力。

再提一次《重啟人生》書中那句話：「流量、名氣跟海水是一樣的，喝愈多就會愈渴。」當你眼中只有粉絲數、按讚數、瀏覽數這些數字時，就像往永遠填不滿的水桶裡倒水，這些數字或許與收入直接相關，讓我們不得不往前衝，但最終你會發現：真正讓你站得住腳的，不是那些起起落落的數字，而是你自己這個人、你的信念、你的故事，還有卸下了所有標籤後，剩下的那個名字，那才是真正的個人品牌。

憲哥復盤

1. 經營個人品牌公式：（專業形象＋價值觀）×一致性＝個人品牌
2. 「粉絲的五個階段價值旅程」就像是一段感情的發展過程，從互不相識到逐漸了解，再到全心支持，每個階段都需要用心經營。
3. 經營個人品牌最值得投資的，就是說好故事的能力。
4. 尋找利基市場就是在小池塘裡當大魚，池塘不用大，但一定要是你有熱情、有能力可以長期經營。
5. 做自己真正熱愛的事情，而且持續一直做，才能產生真正的影響力。
6. 每個人都會犯錯，發生公關危機時，坦然認錯、真誠道歉，比狡辯來得更有用。
7. 個人品牌的價值，在於你的真實性，個人品牌要長期經營，必須維持一致性。
8. 卸下了所有標籤後，別人如何想起和提及你的名字，那才是真正的個人品牌。

極限銷售筆記

極限銷售筆記

極限銷售筆記

國家圖書館出版品預行編目 (CIP) 資料

極限銷售：4 招贏得信任，不要想著賣東西，就能締造無限商機／謝文憲著；劉子寧採訪撰文 . -- 第一版 . -- 臺北市：遠見天下文化出版股份有限公司 , 2025.04
320 面；14.8×21 公分 . -- (財經企管；BCB877)
ISBN 978-626-417-289-9 (平裝)

1.CST：銷售 2.CST：銷售員 3.CST：職場成功法

496.5 114002795

財經企管 BCB877

極限銷售：

4 招贏得信任，不要想著賣東西，就能締造無限商機

作者 — 謝文憲
採訪整理 — 劉子寧

副社長兼總編輯 — 吳佩穎
副總編輯 — 黃安妮
責任編輯 — 黃筱涵
美術設計 — 廖韡（特約）
校對 — 魏秋綢（特約）
內文排版 — 黃雅藍（特約）

出版者 — 遠見天下文化出版股份有限公司
創辦人 — 高希均、王力行
遠見・天下文化 事業群　榮譽董事長 — 高希均
遠見・天下文化 事業群　董事長 — 王力行
天下文化社長 — 王力行
天下文化總經理 — 鄧瑋羚
國際事務開發部兼版權中心總監 — 潘欣
法律顧問 — 理律法律事務所　陳長文律師
著作權顧問 — 魏啟翔律師
社址 — 台北市 104 松江路 93 巷 1 號

讀者服務專線 —（02）2662-0012 ｜傳真 —（02）2662-0007；2662-0009
電子郵件信箱 — cwpc@cwgv.com.tw
直接郵撥帳號 — 1326703-6 號　遠見天下文化出版股份有限公司

製版廠 — 中原造像股份有限公司
印刷廠 — 中原造像股份有限公司
裝訂廠 — 中原造像股份有限公司
登記證 — 局版台業字第 2517 號
總經銷 — 大和書報圖書股份有限公司｜電話 —(02)8990-2588
出版日期 — 2025 年 4 月 25 日第一版第 1 次印行
2025 年 9 月 4 日第一版第 7 次印行

定價 — NT 450 元
ISBN — 978-626-417-289-9
EISBN — 9786264172875（PDF）；9786264172868（EPUB）
書號 — BCB877
天下文化官網 — bookzone.cwgv.com.tw

天下文化

BELIEVE IN READING